基于 AI 的 Java 技术项目实战

主 编 尹慧超 郭 娜 刘庆杰

中国水利水电出版社
www.waterpub.com.cn

·北京·

内 容 提 要

本书以实验案例为主线，基于当前比较热门的 ChatGPT、百度的文心一言、阿里巴巴的通义千问等 AI 工具，以全新的视角来探索如何利用 AI，将其作为工具辅助进行 Java 程序的设计及构建。全书共分为 5 章，包括基于 AI 的 Java 基础语法、基于 AI 的 Java 面向对象程序设计、基于 AI 的 Java 基础进阶、基于 AI 的 Java 高级编程、基于 AI 的 Java 进阶案例实战。本书中，Java 基础语法、数组、面向对象、类与对象、继承、多态、内部类、Java 常用类、异常处理、图形用户界面、JDBC 编程、输入/输出流、多线程及网络编程均有涉及，几乎覆盖了 Java 所有的知识点。

本书可作为高等学校计算机专业及软件工程专业"Java 面向对象程序设计"课程的实验及各阶段实训教材，也可以作为 Java 软件开发人员的参考书。

图书在版编目（CIP）数据

基于 AI 的 Java 技术项目实战 / 尹慧超，郭娜，刘庆杰主编. -- 北京 ： 中国水利水电出版社，2024. 9.
ISBN 978-7-5226-2748-9

Ⅰ．TP312.8

中国国家版本馆 CIP 数据核字第 2024S1N037 号

策划编辑：石永峰　　责任编辑：张玉玲　　加工编辑：刘 瑜　　封面设计：苏 敏

书 名	基于 AI 的 Java 技术项目实战 JIYU AI DE Java JISHU XIANGMU SHIZHAN
作 者	主 编 尹慧超 郭 娜 刘庆杰
出版发行	中国水利水电出版社 （北京市海淀区玉渊潭南路 1 号 D 座　100038） 网址：www.waterpub.com.cn E-mail: mchannel@263.net（答疑） 　　　　 sales@mwr.gov.cn 电话：（010）68545888（营销中心）、82562819（组稿）
经 售	北京科水图书销售有限公司 电话：（010）68545874、63202643 全国各地新华书店和相关出版物销售网点
排 版	北京万水电子信息有限公司
印 刷	三河市鑫金马印装有限公司
规 格	184mm×260mm　　16 开本　　15.75 印张　　403 千字
版 次	2024 年 9 月第 1 版　　2024 年 9 月第 1 次印刷
印 数	0001—2000 册
定 价	49.00 元

前　言

在信息技术日新月异的今天，人工智能（Artificial Intelligence，AI）已不再仅仅是科幻电影中的概念，而是深刻地融入了我们的生活与工作，成为推动技术进步和产业升级的重要力量。尤其在软件开发领域，AI 正逐步改变着我们编写代码、设计架构乃至理解问题的方式。《基于 AI 的 Java 技术项目实战》正是在这样的时代背景下应运而生的，旨在引领读者以全新的视角审视和实践 Java 编程，探索 AI 技术如何赋能传统软件开发流程，提升效率与创造力。

本书是一次勇敢的尝试，它不仅仅是一本介绍 Java 编程的书籍，更是一场思维模式的革新之旅。我们选择了 ChatGPT、百度的文心一言、阿里巴巴的通义千问等前沿 AI 工具作为伙伴，它们不仅能够辅助我们理解和学习 Java 的基础知识，还能够在实际项目开发中提供智能化的解决方案，甚至能够直接参与代码的撰写与优化过程。这不仅极大地拓宽了学习 Java 的路径，也为开发者提供了前所未有的创新空间。

全书共分为 5 章，每章都精心设计了与 AI 紧密结合的实验案例，从 Java 的基础语法到面向对象编程，再到进阶的高级特性，以及最后的实战项目，循序渐进地引导读者掌握 Java 的精髓。本书没有停留在理论层面的讲解，而是注重通过实战演练，让读者在解决实际问题的过程中，体会 AI 如何成为 Java 开发者得力的助手，激发无限可能。

无论是高校的学生，还是初入职场的程序员都适合使用本书。希望本书能成为学习 Java 的一盏明灯，通往未来智能编程世界的桥梁。让我们一起踏上这场融合了传统与创新，理性与灵感交织的旅程，探索 AI 与 Java 结合所带来的无限魅力，共同塑造更加高效、智能的编程未来。未来已来，让我们携手前行，在 AI 与 Java 的交响曲中，奏响属于自己的华彩篇章。

由于编者水平有限，本书难免存在错漏或不妥之处，希望广大读者批评指正。

编　者
2024 年 4 月

目　　录

第 1 章　基于 AI 的 Java 基础语法

1.1　基于 AI 的经典基础语法案例

学习每门程序设计语言均要熟练掌握其基础语法，Java 也不例外，下面练习几个经典案例，均为学习各种程序设计语言时最初练习的题目，只是这次我们借助 AI 技术的大语言模型（Large Language Model，LLM）平台写出，再自行在集成开发环境（Integrated Development Environment，IDE）中验证即可。以下将基于 AI 的 LLM 平台简称为 AI 工具。我们通过向 AI 工具提问的方式，给出问题描述信息，然后根据 AI 工具的回答来验证它所编写的程序是否能正常运行，是否能得到预期结果。通过这样的一问一答的方式，一是可以辅助我们学习 Java，AI 工具相当于助教老师，随时随地给予我们帮助和指导，答疑解惑，真正做到个性化学习，还可以将 AI 工具写出的代码与自己写出的代码做对比，多掌握一些编程思路；二是可以通过这种方式验证 LLM 的功能并训练它，使其功能越来越强大。由于篇幅有限，以下案例由题目、文本提示、编程思路、使用 AI 工具时的截图、代码及解释这几部分构成。所有代码均经过测试，为节省篇幅，代码执行后的结果就不再给出，读者可以自行在 IDE 中验证。并且为了节省页面，后面的案例只提供代码不再放置使用 AI 工具时的截图。另外，使用 AI 工具时可以采用 ChatGPT、百度的文心一言、阿里巴巴的通义千问、科大讯飞的讯飞星火等任意一种 AI 工具。

1.1.1　输出各种类型的星号图形

1. 打印星矩形

📢 **文本提示**

请编写一个 Java 程序，根据用户输入的 n 行、m 列，来打印输出由星号（*）构成的矩形。

💬 **编程思路**

此类题目常用于练习循环语句。主要通过循环的使用来控制打印的行数、星号（*）的数量、空格的数量等。此题中用双层 for 循环实现，外层 for 循环控制行数，内层 for 循环控制列数。用通义千问生成的打印星矩形的代码截图如图 1-1 所示。

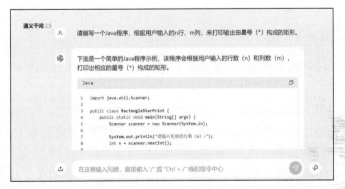

图 1-1　用通义千问生成的打印星矩形的代码截图

具体代码及解释如下：

```java
// 导入 Java.util 包中的 Scanner 类，用于从控制台获取用户输入
import java.util.Scanner;

// 定义名称为 RectangleStarsPrint 的公共类
public class RectangleStarsPrint {

    // 定义主方法，程序执行的入口
    public static void main(String[] args) {

        // 创建 Scanner 对象，用于读取用户输入
        Scanner scanner = new Scanner(System.in);

        // 提示用户输入行数，并读取整数输入
        System.out.print("请输入矩形的行数（n）: ");
        int n = scanner.nextInt();

        // 提示用户输入列数，并读取整数输入
        System.out.print("Enter the number of columns: ");
        int m = scanner.nextInt();

        // 使用外层 for 循环遍历行（1~n，步长为 1）
        for (int i = 1; i <= n; i++) {

            // 使用内层 for 循环遍历列（1~m，步长为 1）
            for (int j = 1; j <= m; j++) {

                // 在控制台上打印星号（*）后跟一个空格
                System.out.print("* ");

            }

            // 在打印完一行后，换行准备打印下一行
            System.out.println();
        }
    }
}
```

2. 打印星三角
🔘 文本提示

请编写一个 Java 程序，根据用户输入的 n 行，来打印输出由星号（*）构成的三角形。

🔘 编程思路

这个程序同样使用 Scanner 类来读取用户输入的行数（n）。然后调用 printTriangle() 方法来打印三角形。在这个方法中，外层 for 循环变量 i 控制打印的行数，内层 for 循环变量 j 控制每行打印的星号数量，每行的星号数量与行数相同，形成一个等腰直角三角形。每完成一行的打印后，使用 "System.out.println();" 语句换到下一行继续打印。用通义千问生成的打印星三角的代码截图如图 1-2 所示。

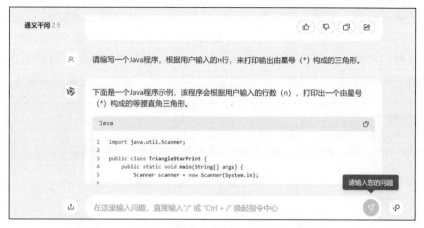

图 1-2　用通义千问生成的打印星三角的代码截图

具体代码及解释如下：

```java
import java.util.Scanner;

public class TriangleStarPrint {
    public static void main(String[] args) {
        Scanner scanner = new Scanner(System.in);

        System.out.println("请输入三角形的行数（n）: ");
        int n = scanner.nextInt();

        printTriangle(n);
    }

    /**
     * 打印由星号构成的等腰直角三角形
     * @param n 为三角形的行数，也是每行星号的个数，因为是等腰直角三角形
     */
    public static void printTriangle(int n) {
        for (int i = 1; i <= n; i++) {
            for (int j = 1; j <= i; j++) {
                System.out.print("* ");
            }
            // 每完成一行后换行
            System.out.println();
        }
    }
}
```

3. 打印倒星三角

📢 文本提示

请编写一个 Java 程序，根据用户输入的 n 行，来打印输出由星号（*）构成的倒三角形。

💬 编程思路

这个程序首先使用 Scanner 类读取用户希望打印的三角形行数（n）。然后调用 printInverted

Triangle()方法来实现倒立等腰直角三角形的打印。外层 for 循环从 n 递减到 1，决定了打印的行数；内层 for 循环根据当前的行数 i 来决定每行打印的星号数量，确保形成倒三角的形状。每完成一行星号的打印后，程序通过 "System.out.println();" 语句换行，继续打印下一行，直到完成整个倒三角形的打印。用通义千问生成的打印倒星三角的代码截图如图 1-3 所示。

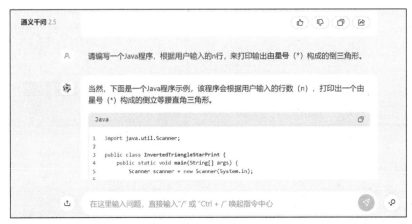

图 1-3　用通义千问生成的打印倒星三角的代码截图

具体代码及解释如下：

```java
import java.util.Scanner;

public class InvertedTriangleStarPrint {
    public static void main(String[] args) {
        Scanner scanner = new Scanner(System.in);

        System.out.println("请输入三角形的行数（n）: ");
        int n = scanner.nextInt();

        printInvertedTriangle(n);
    }

    /**
     * 打印由星号构成的倒立等腰直角三角形
     * @param n 为三角形的行数，顶点位于第一行，因此总共打印 n 行
     */
    public static void printInvertedTriangle(int n) {
        for (int i = n; i >= 1; i--) {        // 从 n 递减到 1，控制行数
            for (int j = 1; j <= i; j++) {    // 每行打印的星号数与当前行号相同
                System.out.print("* ");
            }
            // 每完成一行后换行
            System.out.println();
        }
    }
}
```

4. 打印"九九乘法表"

🕹️ 文本提示

请编写一个 Java 程序，打印输出"九九乘法表"。

💬 编程思路

这个程序利用两个嵌套的 for 循环来生成并打印九九乘法表。外层 for 循环中的变量 i 代表当前是第几行，从 1 遍历到 9；内层 for 循环中的变量 j 则决定了每行打印几个乘法表达式，从 1 遍历到 i（因为每一行的列数逐渐增加，到第 i 行时共有 i 列）。在内层 for 循环中，程序打印出 j * i = i * j 的格式，并使用"\t"制表符来保持各列之间对齐。每打印完一行后，使用"System.out.println();"语句换到下一行，开始打印新的乘法表达式，直到完成整个九九乘法表的打印。用通义千问生成的打印九九乘法表的代码截图如图 1-4 所示。

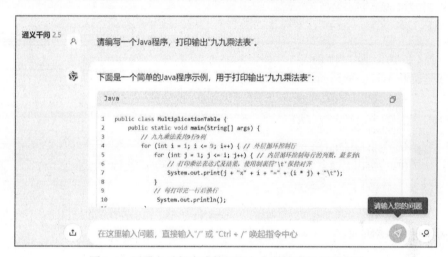

图 1-4　用通义千问生成的打印九九乘法表的代码截图

具体代码及解释如下：

```java
public class MultiplicationTable {
    public static void main(String[] args) {
        // 九九乘法表共 9 行 9 列
        for (int i = 1; i <= 9; i++) {        // 外层 for 循环控制行
            for (int j = 1; j <= i; j++) {    // 内层 for 循环控制每行的列数，最多到 i
                // 打印乘法表达式及其结果，使用制表符"\t"保持对齐
                System.out.print(j + "x" + i + "=" + (i * j) + "\t");
            }
            // 每打印完一行后换行
            System.out.println();
        }
    }
}
```

1.1.2　彩票算法

🕹️ 文本提示

编写一个 Java 程序实现彩票下注，给定 35 个数字，随机抽中不重复的 7 个数字作为一注，打印输出。

◉ 编程思路

35 个数中随机抽中 7 个数作为一注彩票。类似的用法如组卷，即 n 道试题，抽中 k 道组成试卷。只需要注意题目不要重复即可。为避免重复，可以模拟平时抽奖中的吐乒乓球的做法，将吐出的乒乓球取出，剩余的球在循环时就不会重复。也就是将抽出来的数据置换到数组的最后面，下一次生成随机数的时候就能够保障随机范围不包含最后的数据，也就是使随机的范围不断缩小。具体代码及解释如下：

```java
// 导入 Java.util 包中的 Random 类，用于生成随机数
import java.util.Random;

// 定义名称为 Lottery 的公共类
public class Lottery {

    // 定义主方法，程序执行的入口
    public static void main(String[] args) {

        // 1. 初始化一个长度为 35 的整数数组 numbers，存储 1～35 的整数
        int[] numbers = new int[35];
        for (int i = 0; i < 35; i++) {
            numbers[i] = i + 1;    // 将数组元素值设为索引加 1，即 1～35
        }

        // 2. 初始化一个长度为 7 的整数数组 lotteryNumbers，用于存储随机选出的彩票号码
        int[] lotteryNumbers = new int[7];

        // 3. 创建 Random 对象，用于生成随机数
        Random random = new Random();

        // 4. 使用 for 循环从 numbers 数组中随机选取 7 个不重复的数放入 lotteryNumbers 数组
        for (int i = 0; i < 7; i++) {
            int index = random.nextInt(35 - i);    // 生成一个随机索引，确保所选号码不重复

            // 将 numbers 数组中对应索引的数放入 lotteryNumbers 数组，并从 numbers 数组中移除
            // 该数（通过交换操作实现）
            lotteryNumbers[i] = numbers[index];
            numbers[index] = numbers[34 - i];
        }

        // 5. 打印本期彩票开奖号码
        System.out.print("本期彩票开奖号码为：");
        for (int i = 0; i < 7; i++) {
            System.out.print(lotteryNumbers[i] + " ");    // 打印每个彩票号码，后跟一个空格用于分隔
        }
    }
}
```

1.1.3　个人所得税计算

文本提示

编写一个 Java 程序计算个人所得税。

编程思路

设定基本免征额，在数组中设定 7 个级别的速算扣除数，并设置 7 个级别的税率。从控制台读取用户输入的个人所得税，根据税率计算应纳税额度，最后输出应纳税额度。本题还可以使用 if…else 语句完成。AI 生成的代码是用 for 循环完成的。具体代码及解释如下：

```java
// 导入 java.util.Scanner 类，用于从控制台获取用户输入
import java.util.Scanner;

public class PersonalIncomeTaxCalculator {

    public static void main(String[] args) {

        // 1. 定义基本免征额为 5000 元
        double basicExemption = 5000;

        // 2. 定义 7 个级别的速算扣除数，单位：元
        double[] quickDeductions = {0, 105, 555, 1005, 2755, 5505, 13505};

        // 3. 定义 7 个级别的税率，单位：百分点
        double[] taxRates = {0, 3, 10, 20, 25, 30, 35};

        // 4. 使用 Scanner 从控制台读取用户输入的个人所得税
        Scanner scanner = new Scanner(System.in);
        System.out.print("请输入个人所得税：");
        double income = scanner.nextDouble();
        scanner.close();    // 关闭 Scanner 对象以释放资源

        // 5. 计算应纳税额度
        double taxableIncome = Math.max(income - basicExemption, 0);    // 计算扣除基本免征额后的应税收入

        double tax = 0;    // 初始化累计应缴税额为 0
        for (int i = 1; i < quickDeductions.length; i++) {
            double rate = taxRates[i] / 100; // 将当前级别的税率转换为小数形式
            double upperBound = i == quickDeductions.length - 1 ? Double.MAX_VALUE : quickDeductions[i];
            // 当前级别税级的上限（最后一个税级无上限）
            double lowerBound = quickDeductions[i - 1];    // 当前级别税级的下限

            // 如果应税收入已低于当前税级下限，则结束计算
            if (taxableIncome <= lowerBound) {
                break;
```

```
    }

        // 计算在当前税级内应缴纳的税款，并累加至总税额
        tax += (Math.min(taxableIncome, upperBound) - lowerBound) * rate;
    }

    // 6. 输出应纳税额度，保留两位小数
    System.out.printf("应纳税额度为：%.2f 元%n", tax);
    }
}
```

1.1.4　根据年、月、日计算星期几

文本提示

请用判断闰年的方式求给定日期 year、month、day，计算总天数，然后求该天是星期几，用 Java 编写。

编程思路

输入年、月、日，判断是否是闰年，然后计算该月的天数，再计算该日期是这一年的第几天。

具体代码及解释如下：

```
// 导入 java.util 包中的 Scanner 类，用于从控制台获取用户输入
import java.util.*;

public class DayOfWeek {

    public static void main(String[] args) {

        // 1. 创建 Scanner 对象，用于接收用户输入
        Scanner sc = new Scanner(System.in);

        // 2. 提示用户输入年份、月份、日期，并分别读取整数输入
        System.out.print("请输入年份：");
        int year = sc.nextInt();
        System.out.print("请输入月份：");
        int month = sc.nextInt();
        System.out.print("请输入日期：");
        int day = sc.nextInt();

        // 3. 关闭 Scanner 对象以释放资源
        sc.close();

        // 4. 判断是否为闰年，并根据月份计算该月天数
        int daysInMonth;
        if (year % 4 == 0 && year % 100 != 0 || year % 400 == 0) {    // 闰年条件
            if (month == 2) {
```

```
            daysInMonth = 29;              // 二月有 29 天
        } else if (month == 4 || month == 6 || month == 9 || month == 11) {
            daysInMonth = 30;              // 其他特定月份有 30 天
        } else {
            daysInMonth = 31;              // 其他月份有 31 天
        }
    } else {                               // 非闰年
        if (month == 2) {
            daysInMonth = 28;              // 二月有 28 天
        } else if (month == 4 || month == 6 || month == 9 || month == 11) {
            daysInMonth = 30;              // 其他特定月份有 30 天
        } else {
            daysInMonth = 31;              // 其他月份有 31 天
        }
    }

    // 5. 计算该日期是这一年的第几天
    int days = 0;
    for (int i = 1; i < month; i++) {
        if (i == 2 && daysInMonth == 29) {
            days += 29;                    // 闰年二月已计算过天数，直接累加
        } else {
            days += 30 + (i % 2);          // 其他月份累加天数，简单估算（误差较小）
        }
    }
    days += day;                           // 加上用户输入的日期

    // 6. 计算星期几（采用蔡勒公式）
    int dayOfWeek = (days + (year - 1) * 365 + (year - 1) / 4 - (year - 1) / 100 + (year - 1) / 400) % 7;

    // 7. 定义星期数组，用于将计算得到的星期数转换为中文名称
    String[] weekDays = {"周日", "周一", "周二", "周三", "周四", "周五", "周六"};

    // 8. 输出结果
    System.out.println(year + "年" + month + "月" + day + "日期" + weekDays[dayOfWeek]);
    }
}
```

1.1.5　求水仙花数

🔊 **文本提示**

编写一个 Java 程序，求水仙花数。

💬 **编程思路**

水仙花数（Narcissistic Number）也被称为超完全数字不变数（Pluperfect Digital Invariant）、自恋数、自幂数、阿姆斯壮数或阿姆斯特朗数（Armstrong Number）。水仙花数是指一个 3 位数，它的每个位上的数字的 3 次幂之和等于它本身。例如：$1^3+5^3+3^3=153$。此题要先写一个函

数判断一个数是否为水仙花数，也就是判断这个数的个位、十位、百位的 3 次幂之和是否等于这个数本身。这个函数用 if 语句或循环写均可，本次提问，AI 是用 while 语句写出来的。然后使用 for 循环将 100～999 的每个 3 位数都调用判断水仙花数的函数来执行一遍，最后将水仙花数打印输出即可。具体代码及解释如下：

```java
// 导入 java.util.Scanner 类，用于从控制台获取用户输入
import java.util.Scanner;
// 定义名称为 NarcissisticNumber 的公共类
public class NarcissisticNumber {

    // 定义主方法，程序执行的入口
    public static void main(String[] args) {

        // 使用 for 循环遍历 100～999 的整数
        for (int i = 100; i <= 999; i++) {

            // 判断当前整数是否为水仙花数，如果是则输出
            if (isArmstrong(i)) {
                System.out.println(i);
            }
        }
    }

    // 定义方法 isArmstrong()，判断一个整数是否为水仙花数
    // 参数：num 是待判断的整数
    // 返回值：布尔型值，若 num 是水仙花数，可返回 true；否则返回 false
    public static boolean isArmstrong(int num) {

        // 初始化 sum 变量，用于存放数字各个位的立方和
        int sum = 0;

        // 复制 num 到 temp 变量，用于后续取余操作不影响原始值
        int temp = num;

        // 当 temp 不为 0 时，执行循环
        while (temp != 0) {

            // 取 temp 的个位数（最后一位）
            int digit = temp % 10;

            // 将个位数的立方累加到 sum 中
            sum += digit * digit * digit;

            // 更新 temp，去掉个位数，准备处理下一位
            temp /= 10;
        }
```

```
        // 判断 sum 是否等于原始输入的 num，若相等则说明 num 是水仙花数，返回 true；否则返回 false
        return sum == num;
    }
}
```

1.2　基于 AI 的递归案例——汉诺塔

📢 文本提示

用 Java 编写一个程序实现汉诺塔。

💬 编程思路

汉诺塔（Hanoi Tower）是一种经典的数学问题，是一个递归算法的典型案例。汉诺塔问题是将三根柱子中的一个塔（由盘子组成）移动到另一根柱子上，每次只能移动一个盘子，并且不能将较大的盘子放在较小的盘子上面。汉诺塔递归算法的基本思路是将问题分解成子问题，每次将最上面的盘子从一根柱子移动到另一根柱子上，然后将下面的盘子移动到中间的柱子（即辅助柱子）上，最后将最上面的盘子移动到目标柱子上。这个过程可以通过递归的方式来实现。具体来说，汉诺塔递归算法可以分为三个步骤：将上面的 n-1 个盘子从初始柱子移动到辅助柱子上（借助目标柱子）；将最下面的盘子从初始柱子移动到目标柱子上；将中间的 n-1 个盘子从辅助柱子移动到目标柱子上（借助初始柱子）。在递归的过程中，将上面的 n-1 个盘子移动到辅助柱子上，是一个子问题，可以再次使用递归的方式来解决。

汉诺塔递归算法是一种高效的算法，其时间复杂度为 $O(2^n)$，其中 n 是盘子的个数。虽然时间复杂度很高，但是汉诺塔递归算法在实际应用中并不常见，主要是因为它对系统资源的消耗比较大，而且在移动大量盘子时，需要耗费很长的时间。具体代码及解释如下：

```java
// 定义名称为 HanoiTower 的公共类
public class HanoiTower {

    // 定义主方法，程序执行的入口
    public static void main(String[] args) {

        // 调用 hanoi()方法解决汉诺塔问题，参数含义如下
        // n: 盘子数量，本例中为 7 个
        // from: 初始柱子，字符'A'
        // temp: 辅助柱子，字符'B'
        // to: 目标柱子，字符'C'
        hanoi(7, 'A', 'B', 'C');      // 将 3 个盘子从 A 移动到 C，借助 B
    }

    // 定义递归方法 hanoi()，用于解决汉诺塔问题
    // 参数含义同上
    public static void hanoi(int n, char from, char temp, char to) {

        // 基本情况：只有一个盘子时，直接从 from 移动到 to
        if (n == 1) {
```

```
        System.out.println("Move disk 1 from " + from + " to " + to);
    } else {

        // 递归步骤：
        // 1. 将 n-1 个盘子从 from 移动到 temp，借助 to
        hanoi(n - 1, from, to, temp);

        // 2. 将最后一个盘子（编号为 n）从 from 移动到 to
        System.out.println("Move disk " + n + " from " + from + " to " + to);

        // 3. 将 n-1 个盘子从 temp 移动到 to，借助 from
        hanoi(n - 1, temp, from, to);
    }
  }
}
```

1.3　基于 AI 的排序案例

1.3.1　冒泡排序

🔊 **文本提示**

用 Java 编写一个程序实现冒泡排序。

💬 **编程思路**

定义一个函数实现冒泡排序，使用双层 for 循环，外层 for 循环控制排序轮数，假设是 n 个数排序，那么外层 for 循环共需要 n-1 轮。内层 for 循环控制每轮排序的次数，每轮排序后最后一个元素已经是最大的了，因此不需要比较。如果相邻两个元素大小顺序错误，则交换它们的位置。在 main() 方法中调用此函数即可实现冒泡排序。具体代码及解释如下：

```java
// 定义名称为 BubbleSort 的公共类
public class BubbleSort {

    // 定义主方法，程序执行的入口
    public static void main(String[] args) {

        // 定义待排序的整数数组
        int[] arr = {5, 2, 9, 1, 5, 6};

        // 调用 bubbleSort()方法对数组进行冒泡排序
        bubbleSort(arr);

        // 遍历排序后的数组并输出每个元素
        for (int i : arr) {
            System.out.print(i + " ");    // 打印元素后跟一个空格用于分隔
        }
```

```
        }

        // 定义冒泡排序方法，接收一个整数数组作为参数
        public static void bubbleSort(int[] arr) {

            // 获取数组长度，用于控制外层 for 循环
            int len = arr.length;

            // 外层 for 循环控制排序轮数，共需要 len-1 轮
            for (int i = 0; i < len - 1; i++) {

                // 内层 for 循环控制每轮排序的次数，每轮排序后最后一个元素已经是最大的了
                // 因此不需要比较
                for (int j = 0; j < len - i - 1; j++) {

                    // 如果相邻两个元素大小顺序错误，则交换它们的位置
                    if (arr[j] > arr[j + 1]) {
                        int temp = arr[j];        // 临时保存 arr[j]的值
                        arr[j] = arr[j + 1];      // 将 arr[j+1]的值赋给 arr[j]
                        arr[j + 1] = temp;        // 将临时变量 temp（原 arr[j]的值）赋给 arr[j+1]
                    }
                }
            }
        }
    }
```

1.3.2　选择排序

 文本提示

用 Java 编写一个程序实现选择排序。

编程思路

定义一个函数实现选择排序，使用双层 for 循环，外层 for 循环控制排序轮数，假设是 n 个数排序，那么外层 for 循环共需要 n-1 轮。在内层 for 循环中，声明一个变量，记录未排序部分的最小值的索引。内层 for 循环控制每轮排序的次数，从未排序部分中找出最小值。逐个比较，更新未排序部分的最小值的索引。将未排序部分的最小值与未排序部分的第一个元素交换位置。最后在 main()方法中调用此函数即可实现选择排序。具体代码及解释如下：

```
// 定义名称为 SelectionSort 的公共类
public class SelectionSort {

    // 定义主方法，程序执行的入口
    public static void main(String[] args) {

        // 定义待排序的整数数组
        int[] arr = {5, 2, 9, 1, 5, 6};
```

```java
        // 调用 selectionSort()方法对数组进行选择排序
        selectionSort(arr);

        // 遍历排序后的数组并输出每个元素
        for (int i : arr) {
            System.out.print(i + " ");          // 打印元素后跟一个空格用于分隔
        }
    }

    // 定义选择排序方法，接收一个整数数组作为参数
    public static void selectionSort(int[] arr) {

        // 获取数组长度，用于控制外层 for 循环
        int len = arr.length;

        // 外层 for 循环控制排序轮数，共需要 len-1 轮
        for (int i = 0; i < len - 1; i++) {

            // 记录未排序部分的最小值的索引
            int minIndex = i;

            // 内层 for 循环控制每轮排序的次数，从未排序部分中找出最小值
            for (int j = i + 1; j < len; j++) {
                if (arr[j] < arr[minIndex]) {
                    minIndex = j;           // 更新未排序部分的最小值的索引
                }
            }

            // 将未排序部分的最小值与未排序部分的第一个元素交换位置
            int temp = arr[i];
            arr[i] = arr[minIndex];
            arr[minIndex] = temp;
        }
    }
}
```

1.3.3　快速排序

🔊 **文本提示**

用 Java 编写一个程序实现快速排序。

💬 **编程思路**

快速排序是对冒泡排序的一种改进。通过一趟排序将要排序的数据分割成独立的两部分，其中一部分的所有数据都比另外一部分的所有数据小，再按此方法对这两部分数据分别进行快速排序，整个排序过程可以递归进行，以此达到整个数据变成有序序列。具体代码及解释如下：

```java
// 定义名称为 QuickSort 的公共类
public class QuickSort {

    // 定义主方法，程序执行的入口
    public static void main(String[] args) {

        // 定义待排序的整数数组
        int[] arr = {5, 2, 9, 1, 5, 6};

        // 调用 quickSort()方法对数组进行快速排序，传入起始索引（left=0）和结束索引（right=arr.length-1）
        quickSort(arr, 0, arr.length - 1);

        // 遍历排序后的数组并输出每个元素
        for (int i : arr) {
            System.out.print(i + " ");        // 打印元素后跟一个空格用于分隔
        }
    }

    // 定义快速排序方法，接收一个整数数组和两个索引（left 和 right）作为参数
    public static void quickSort(int[] arr, int left, int right) {

        // 如果 left 索引小于 right 索引，则说明还有待排序的部分
        if (left < right) {

            // 调用 partition()方法划分数组，并返回基准元素的最终位置（pivotIndex）
            int pivotIndex = partition(arr, left, right);

            // 递归对左半部分进行快速排序（left～pivotIndex-1）
            quickSort(arr, left, pivotIndex - 1);

            // 递归对右半部分进行快速排序（pivotIndex+1～right）
            quickSort(arr, pivotIndex + 1, right);
        }
    }

    // 定义 partition()方法，用于划分数组
    // 接收一个整数数组和两个索引（left 和 right）作为参数返回基准元素的最终位置
    public static int partition(int[] arr, int left, int right) {

        // 选取基准元素（这里选择第一个元素 arr[left]）
        int pivot = arr[left];

        // 初始化两个指针 i 和 j，分别指向 left 和 right
        int i = left, j = right;

        // 当 i 小于 j 时，执行循环
```

```java
        while (i < j) {

            // 从右往左找到第一个小于基准元素的元素，然后将其与 arr[i]交换
            while (i < j && arr[j] >= pivot) {
                j--;
            }
            if (i < j) {
                arr[i] = arr[j];
            }

            // 从左往右找到第一个大于基准元素的元素，然后将其与 arr[j]交换
            while (i < j && arr[i] <= pivot) {
                i++;
            }
            if (i < j) {
                arr[j] = arr[i];
            }
        }

        // 将基准元素放到最终位置（i 索引处）
        arr[i] = pivot;

        // 返回基准元素的最终位置（i）
        return i;
    }
}
```

第 2 章　基于 AI 的 Java 面向对象程序设计

2.1　面向对象程序设计

面向对象是 Java 中比较重要的一个知识模块。一般来说 Java 有三个部分，分别是基础部分、面向对象部分和应用开发部分。理解了面向对象，也就理解了 Java 的精髓。总体来说，面向对象程序开发可以认为是面向组件的开发，它和 C 语言中的面向过程开发相对应。为什么会有面向过程和面向组件这种说法，原因很简单。因为最早的时候，软件的本质其实是数据和数据的处理。对计算机来说万物皆可看作数据，再对数据进行处理，这就是软件化的过程。早期的软件规模小，程序员其实都在关注处理过程，它是过程化的，所以说我们的开发是面向数据处理过程来进行思考的。随着软件的发展规模越来越大，成熟的处理过程越来越多，既然有一些处理过程已经非常成熟了，那么就把它封装在函数或方法中。有没有可能出现一个比方法更大的软件组织，然后直接调用这些成熟的功能模块来使用呢？当然有。因为这是一个很自然的技术，随着方法越来越多，就出现了这种技术。那么就有一个问题，即软件的本质是数据和处理方法，我们能不能设计一个组织结构，把数据和处理方法放在一起。这种基本编程单位是数据加数据处理方法。这样就容易编写程序了。这时候就可以建构更大规模的软件了，这就是组件的来源。

组件随着技术的发展越来越成熟，实际上就变成了我们所说的对象。有了对象的概念以后，它和我们面向的软件业务是高度相关的。程序此时就变成了建构对象的结构，这个结构就变成了软件体系。因此，面向对象本身解决的是怎么组织软件的问题，让其规模更大、更健壮、更有拓展性。以上就是面向对象程序设计的来源。

2.1.1　面向对象介绍

一般来讲，对象就是一个实体。实体里面包含数据和处理方法。考虑到它和现实是对应的，我们把数据称为属性，把处理方法简称为方法。因此，对象就是一个拥有属性加方法的软件。

例如，int x=3，x 是变量，数据是 3。如果定义一个 Student 张三，那么就需要先定义出 Student 这个类型，也就是类，再创建张三这个具体的对象。这里的张三和 x 是什么关系呢？x 就是一个数据，张三既是数据又是处理方法。理解了这个其实就理解了面向对象。因此，对于张三来说，想调用他的数据就用"张三.属性"，想调用他的方法就用"张三.方法"。这就是面向对象的基本背景。下面用 AI 生成几个类及对象。

生成的 Student3 类代码如下所示，其包含三个属性，一个带参数的构造方法，另外两个是和属性相对应的、用于设置属性的 set 方法和用于获取属性的 get 方法。

```
public class Student3 {
    private String name;
```

```java
    private int age;
    private String gender;

    public Student3(String name, int age, String gender) {
        this.name = name;
        this.age = age;
        this.gender = gender;
    }

    public String getName() {
        return name;
    }

    public void setName(String name) {
        this.name = name;
    }

    public int getAge() {
        return age;
    }

    public void setAge(int age) {
        this.age = age;
    }

    public String getGender() {
        return gender;
    }

    public void setGender(String gender) {
        this.gender = gender;
    }
}
```

说明：在大多数上下文中，get 方法和 getter 方法，以及 set 方法和 setter 方法是可以互换使用的术语。它们指的是某一类方法，即用于访问（如上文的 getAge()方法）和修改（如上文的 setAge()方法）对象属性的方法。

生成的 Student4 类代码如下所示，其包含四个属性，一个带参数的构造方法，和属性相对应的、用于设置属性的 set 方法和用于获取属性的 get 方法，还增加了表示学习、考试、显示属性值的 study()和 takeExam()、displayInfo()方法。并在主方法中创建对象，对方法进行测试。

```java
public class Student4 {
    private String name;
    private int age;
    private String gender;
    private String grade;
```

```java
public Student4(String name, int age, String gender, String grade) {
    this.name = name;
    this.age = age;
    this.gender = gender;
    this.grade = grade;
}

public String getName() {
    return name;
}

public void setName(String name) {
    this.name = name;
}

public int getAge() {
    return age;
}

public void setAge(int age) {
    this.age = age;
}

public String getGender() {
    return gender;
}

public void setGender(String gender) {
    this.gender = gender;
}

public String getGrade() {
    return grade;
}

public void setGrade(String grade) {
    this.grade = grade;
}

public void study() {
    System.out.println(name + " is studying.");
}

public void takeExam() {
```

```java
            System.out.println(name + " is taking the exam.");
    }

    public void displayInfo() {
        System.out.println("Name: " + name);
        System.out.println("Age: " + age);
        System.out.println("Gender: " + gender);
        System.out.println("Grade: " + grade);
    }


    public static void main(String[] args) {    // 在主方法中创建对象，对方法进行测试
        Student4 student1 = new Student4("Tom", 18, "male", "A");
        Student4 student2 = new Student4("Lucy", 17, "female", "B");

        student1.study();                        // Tom is studying.
        student2.takeExam();                     // Lucy is taking the exam.

        System.out.println("Student 1 Information:");
        student1.displayInfo();

        System.out.println("Student 2 Information:");
        student2.displayInfo();
    }
}
```

2.1.2　继承

在实际的软件开发过程中，还有一种情况称为软件迭代，它是指升级某一个处理方法，或者在类中添加新功能。假如有一辆坦克，称为一代坦克，现在要增加新的功能，但不能在原来的代码上直接修改，那么就重新造出一辆，称为二代坦克。而在二代坦克中会用到一代坦克中的一些属性和方法，如果不想重复写那些相同的属性和方法，就可以把一代坦克和二代坦克建立关系，目的就是在新建二代坦克时不用写重复的代码，直接用一代坦克中的代码即可，也就是提高代码的复用性。在 Java 中，设计了这样一个语法，称为 extends，中文名为继承。这样二代坦克就可以继承一代坦克中的一些属性和方法，不需要重复写那些代码，并且二代坦克中可以进行功能扩展，增加属于它自己的成员变量和方法。这里可以说二代坦克继承了一代坦克，或者一代坦克派生出了二代坦克。一代坦克是父类，也称为基类，二代坦克是子类。下面再通过一个示例来看看 Java 中的继承是如何使用的。

例如，设计一个学生类 Student，其属性有姓名 name、年龄 age、学位 degree。由学生类派生出本科生类 Undergraduate、硕士研究生类 Graduate 和博士研究生类 Doctor。本科生类增加属性专业 specialty，硕士研究生类增加属性研究方向 studydirection，博士研究生类增加属性研究领域 researcharea。每个类都有相关数据的输出方法。测试程序的运行结果如图 2-1 所示。

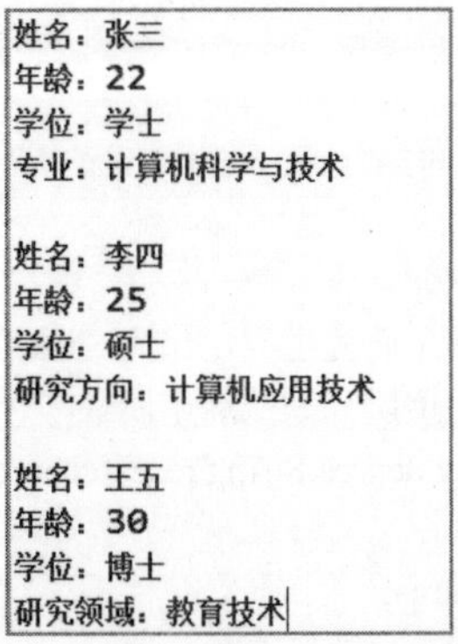

```
姓名：张三
年龄：22
学位：学士
专业：计算机科学与技术

姓名：李四
年龄：25
学位：硕士
研究方向：计算机应用技术

姓名：王五
年龄：30
学位：博士
研究领域：教育技术
```

图 2-1　继承例题程序的运行结果

具体代码及解释如下：

```java
class Student{                                    //学生类，作为父类
    String name;
    int age;
    String degree;
    Student(String name,int age,String degree){
        this.name = name;
        this.age = age;
        this.degree = degree;
    }
    void show(){
        System.out.println("姓名："+name);
        System.out.println("年龄："+age);
        System.out.println("学位："+degree);
    }
}
class Undergraduate extends Student{      // 本科生类，作为 Student 类的一个子类
    String specialty;                     // 新增了专业这个属性
    Undergraduate(String name, int age, String degree,String specialty) {
        super(name, age, degree);         // 调用父类的构造方法，super 必须写在构造方法的第一行
        this.specialty = specialty;
    }
    void show(){
        super.show();                     // 用 super 调用父类的 show()方法
        System.out.println("专业："+specialty);
    }
}

class Graduate extends Student{           // 硕士研究生类，作为 Student 类的一个子类
    String studydirection;                // 新增研究方向这个属性
    Graduate(String name, int age, String degree,String studydirection ) {
        super(name, age, degree);
        this.studydirection = studydirection;
    }
```

```java
    void show(){
        super.show();
        System.out.println("研究方向："+studydirection);
    }
}
class Doctor extends Student{        // 博士研究生类，作为 Student 类的一个子类
    String researcharea;             // 新增研究领域这个属性
    Doctor(String name, int age, String degree,String researcharea) {
        super(name, age, degree);
        this.researcharea = researcharea;
    }
    void show(){
        super.show();
        System.out.println("研究领域："+researcharea);
    }
}
public class TestStudent {          // 测试类
    public static void main(String[] args) {
    Undergraduate undergraduate = new Undergraduate("张三",22,"学士","计算机科学与技术");
    undergraduate.show();
    System.out.println();
    Graduate g = new Graduate("李四",25,"硕士","计算机应用技术");
    g.show();
    System.out.println();
    Doctor d = new Doctor("王五",30,"博士","教育技术");
    d.show();
    }
}
```

2.1.3　重写和多态

当一个类继承了另一个类之后，它就继承了父类的一些方法，但是如果子类发现父类的某个方法中方法体内的语句不适合自己，这时候就可以对继承的方法进行重写。Java 中如果子类可以继承父类的某个实例方法，那么子类就有权利重写这个方法。重写（Override）是指在子类中定义一个方法，这个方法的类型和父类的方法的类型一致或是父类的方法的类型的子类型，并且这个方法的名称、参数个数、参数的类型和父类的方法完全相同。方法的重写也称为方法的覆盖，需要注意下面几点：

（1）子类方法不能缩小父类方法的访问权限。

（2）子类方法不能抛出比父类方法更多的异常。

（3）方法覆盖只存在于子类和父类（包括直接父类和间接父类）之间。在同一个类中方法只能被重载，不能被覆盖。

（4）父类的静态方法不能被子类覆盖为非静态方法。

（5）父类的非静态方法不能被子类覆盖为静态方法。

（6）子类可以定义与父类的静态方法同名的静态方法，以便在子类中隐藏父类的静态方

法。在编译时，子类定义的静态方法也必须满足与方法覆盖类似的约束。

（7）父类的私有方法不能被子类覆盖。

（8）父类的抽象方法可以被子类通过两种途径覆盖：一是子类实现父类的抽象方法；二是子类重新声明父类的抽象方法。

（9）父类的非抽象方法可以被覆盖为抽象方法。

下面举例说明 Java 中的方法重写。其中 Animal 类是父类，eat()方法模拟动物吃东西这个行为，它的子类 Cat 和 Dog 重写 eat()方法，在方法体内写出符合它自身特性的语句。最后在测试类中进行功能测试。

在本例的测试类中，将子类对象的引用放到父类对象中，这时称父类对象是子类对象的上转型对象。此时父类对象可以调用子类重写的方法，但是对于子类新增的方法，父类对象不可以调用。

具体代码及解释如下：

```java
class Animal {// Animal 类
    private String name;
    private int age;

    public Animal() {}

    public Animal(String name, int age) {
        this.name = name;
        this.age = age;
    }

    public String getName() {
        return name;
    }

    public void setName(String name) {
        this.name = name;
    }

    public int getAge() {
        return age;
    }

    public void setAge(int age) {
        this.age = age;
    }

    public void eat() {
        System.out.println("Animal is eating.");
    }
}
```

```java
class Cat extends Animal {          // Cat 类

    public Cat() {}

    public Cat(String name, int age) {
        super(name, age);
    }

    @Override
    public void eat() {              // 重写方法
        System.out.println("Cat is eating fish.");
    }
}

class Dog extends Animal {          // Dog 类
    public Dog() {}

    public Dog(String name, int age) {
        super(name, age);
    }

    @Override
    public void eat() {              // 重写方法
        System.out.println("Dog is eating meat.");
    }
}

public class AnimalDemo {            // 测试类
    public static void main(String[] args) {
        Animal    animal1 = new Cat("Kitty", 2);      // animal1 是子类 Cat 对象的上转型对象
        Animal    animal2 = new Dog("Rex", 3);        // animal2 是子类 Dog 对象的上转型对象
        animal1.eat();              // animal1 调用 Cat 类中重写的 eat()方法
        animal2.eat();              // animal2 调用 Dog 类中重写的 eat()方法
    }
}
```

　　此例题中也体现了面向对象程序设计的另一个特性——多态性。多态性就是指父类的某个实例方法被其子类重写时，可以各自产生自己的功能行为。Java 的多态性是由类的继承、方法重写及父类引用指向子类对象体现的。由于一个父类可以有多个子类，每个子类都可以重写父类的方法，并且不同的子类对象也可以指向同一个父类，所以程序只有在运行时才能知道具体代表的是哪一个子类对象，这就体现了多态性。在本例中，Cat 类和 Dog 类的对象同时指向一个父类对象，并调用 eat()方法，程序在编译时自动识别具体的子类对象，从而选择性地调用对应的方法，体现了多态性。可见，多态不仅解决了方法同名的问题，还使程序更加灵活，有效提高了程序的可扩展性和可维护性。

2.1.4　多态案例

通过下面这个例题可以进一步理解多态。定义一个 USB 类，类中定义模拟 USB 设备启动 start()和关闭 close()的方法。创建 USB 类的三个子类，分别是 Phone 类、Printer 类、Computer 类。在子类中分别重写 start()方法和 close()方法。在 Computer 类中新增一个 insertUSBDevide(USB u)方法，模拟 USB 设备插入后启动、关闭的功能。最后在测试类中测试功能。具体代码及解释如下：

```java
// USB 类：定义一个 USB 设备基类，包含启动 start()和关闭 close()两个方法
class USB {
    // start()方法：启动 USB 设备
    public void start() {
        System.out.println("USB device is starting.");
    }

    // close()方法：关闭 USB 设备
    public void close() {
        System.out.println("USB device is closing.");
    }
}

// Phone 类：继承自 USB 类，表示电话设备，重写了父类的 start()和 close()方法
class Phone extends USB {
    // 重写 start()方法：启动电话设备
    @Override
    public void start() {
        System.out.println("Phone is starting.");
    }

    // 重写 close()方法：关闭电话设备
    @Override
    public void close() {
        System.out.println("Phone is closing.");
    }
}

// Printer 类：继承自 USB 类，表示打印机设备，重写了父类的 start()和 close()方法
class Printer extends USB {
    // 重写 start()方法：启动打印机设备
    @Override
    public void start() {
        System.out.println("Printer is starting.");
    }

    // 重写 close()方法：关闭打印机设备
    @Override
```

```java
    public void close() {
        System.out.println("Printer is closing.");
    }
}


// Computer 类：继承自 USB 类，表示计算机设备，重写了父类的 start()和 close()方法
// 添加了一个 insertUSBDevice()方法
class Computer extends USB {
    // 重写 start()方法：启动计算机设备
    @Override
    public void start() {
        System.out.println("Computer is starting.");
    }

    // 重写 close()方法：关闭计算机设备
    @Override
    public void close() {
        System.out.println("Computer is closing.");
    }

    // insertUSBDevice()方法：接收一个 USB 类型的参数 u，插入并启动 USB 设备
    // 等待一段时间后关闭 USB 设备
    public void insertUSBDevice(USB u) {
        u.start();                          // 启动 USB 设备
        System.out.println("设备工作中……");

        try {
            Thread.sleep(500);              // 等待 500 毫秒（模拟设备工作时间）
        } catch (InterruptedException e) {
            e.printStackTrace();
        }
        u.close();                          // 关闭 USB 设备
    }
}

// DemoComputer 类：程序主入口，创建 Computer 对象并插入 Phone 和 Printer 设备
public class DemoComputer {
    public static void main(String[] args) {
        Computer c = new Computer();        // 创建 Computer 对象
        c.insertUSBDevice(new Phone());     // 插入并启动 Phone 设备
        c.insertUSBDevice(new Printer());   // 插入并启动 Printer 设备
    }
}
```

此程序定义了 USB、Phone、Printer、Computer 共四个类，其中 Phone、Printer、Computer 都继承自 USB 类，并重写了 start()和 close()方法以实现各自的设备启动和关闭。DemoComputer 类作为程序主入口，创建了一个 Computer 对象，并调用其 insertUSBDevide()方法插入并启动了 Phone 和 Printer 设备。

2.2 抽象类和接口

2.2.1 抽象类和接口概述

Java 中的抽象类和接口是面向对象编程中用来实现抽象和规范化的两种重要机制，它们都支持定义抽象方法（没有具体实现的方法），旨在为一组相关的类提供共同的结构、行为约定或服务契约。虽然抽象类和接口在实现抽象化方面有许多相似之处，但它们在语法、设计理念和使用场景上存在显著差异。下面分别对抽象类和接口进行详细介绍。

1. 抽象类

（1）抽象类（Abstract Class）的定义与特点。

1）关键字：使用 abstract 关键字声明一个类为抽象类。

2）方法：可以包含抽象方法（只有方法头部，没有方法体，以分号结尾），也可以包含普通方法（有完整实现）和构造方法。

3）变量：可以包含实例变量（包括普通变量和 final 常量）、静态变量等。

4）继承：抽象类可以继承其他类（包括抽象类）并实现接口，同时允许其他类（非抽象类）继承它。

5）实例化：不能直接创建抽象类的实例，必须由其子类实例化。如果一个子类没有实现其父抽象类的所有抽象方法，那么该子类也必须声明为抽象类。

（2）设计理念与用途。

1）共性提取：抽象类主要用于提取一组相关类的共性，包括通用的属性和方法，形成一个模板或基类。子类继承抽象类后，可以直接复用这些共性，同时根据需要实现抽象方法或添加新的特有功能。

2）部分实现：抽象类可以提供部分方法的实现，这样子类可以共享这部分实现，而不必在每个子类中重复编写相同的代码。这种特性使抽象类更侧重于代码的复用和结构的构建。

3）设计灵活性：由于抽象类可以包含实例变量、构造方法和非抽象方法，因此在设计层次上更为灵活，能够适应复杂多变的需求。

2. 接口

（1）接口（Interface）的定义与特点。

1）关键词：使用 interface 关键字声明一个接口。

2）方法：Java 8 之后，接口得到了显著的增强，引入了新的方法类型，使得接口的设计更加灵活和强大。具体来说，Java 8 之后接口里可以包含以下几种类型的方法。

● 抽象方法（Abstract Methods）。抽象方法是接口中最基本的方法类型，它在接口中声明但不提供实现。实现接口的类必须为这些抽象方法提供具体的实现。在接口中声明抽象方法时，可以使用 public abstract 修饰符（但通常省略，因为它们是隐式的）。

● 默认方法（Default Methods）。默认方法是 Java 8 引入的一个新特性，它允许在接口中提供方法的实现。这意味着，实现接口的类可以选择性地覆盖这些方法，如果不覆盖，则使用接口中提供的默认实现。默认方法使用 default 关键字进行修饰。默认方法的引入主要是为了在不破坏现有实现类兼容性的情况下，向接口中添加新的方法。

- 静态方法（Static Methods）。静态方法也是 Java 8 引入的接口新特性之一。与默认方法不同，静态方法不能通过实现接口的类的实例来调用，只能通过接口名来调用。静态方法使用 static 关键字进行修饰。静态方法主要用于提供工具性质的方法，这些方法通常与接口的实现类无关。

- 私有方法（Private Methods）。从 Java 9 开始，接口中还可以包含私有方法。这些私有方法既可以是静态的，也可以是实例的（但实际上是静态的，因为接口不能被实例化）。私有方法的引入主要是为了在接口内部实现一些辅助逻辑，这些逻辑可能被多个默认方法或静态方法所共享。私有方法使用 private 关键字进行修饰，并且只能被接口内部的其他方法调用。

3）变量：只允许定义静态常量（默认为 public、static、final），不能包含实例变量。

4）继承：接口可以继承其他接口（通过 extends 关键字），一个类可以实现多个接口（通过 implements 关键字），并且一个接口可以被多个类实现。

5）实例化：不能直接创建接口的实例，必须由实现接口的类实例化。实现接口的类必须实现接口中所有的抽象方法。

（2）设计理念与用途。

1）行为规范：接口主要关注定义一组方法签名，规定了实现类必须提供的服务或行为，而不涉及具体实现细节。它强调的是"能做什么"，而非"怎么做"。

2）纯粹抽象：接口比抽象类更加纯粹，不包含任何实现，这使它更适合定义清晰的契约和严格的规范，确保所有实现类遵循统一的标准。

3）多重继承：Java 类只能单一继承另一个类，但可以实现多个接口，接口提供了实现多重继承的一种方式，有助于实现类功能的组合和扩展。

4）松耦合：接口的使用促进了代码的解耦，实现类与接口之间是"实现"关系而非"继承"关系，这使类的实现可以独立于接口的变化，增强了系统的灵活性和可维护性。

3. 总结

抽象类和接口都是 Java 中实现抽象化和规范化的工具，但侧重点和适用场景有所不同。抽象类更侧重于提供共性的结构和部分实现，适用于需要共享代码和构建层次结构的场景；接口更侧重于定义行为规范和实现多重继承，适用于需要明确契约、实现解耦和灵活扩展的场景。在实际编程中，根据需求和设计原则选择使用抽象类、接口或两者的结合，可以有效提升代码的复用性、扩展性和可维护性。

抽象类及其子类的示例如下所示，通过这段代码可以看出抽象类是如何被定义的，其子类如何继承抽象类，并在主类中测试其功能。具体代码及解释如下：

```java
// 定义一个名称为 Shape 的抽象类，用于描述具有位置属性和移动、绘制能力的几何形状
abstract class Shape {
    // 声明两个整型实例变量 x 和 y，表示形状的横、纵坐标位置
    int x, y;

    // 构造方法，接收两个整数参数 x 和 y，初始化形状的位置
    public Shape(int x, int y) {
        this.x = x;    // 将传入的 x 值赋给当前对象的 x 属性
        this.y = y;    // 将传入的 y 值赋给当前对象的 y 属性
```

```
    }

    // 定义一个公共方法 move()，接收两个整数参数 deltaX 和 deltaY，用于移动形状
    // 方法内部更新 x 和 y 属性，使形状沿水平和垂直方向平移指定距离
    public void move(int deltaX, int deltaY) {
        this.x += deltaX;
        this.y += deltaY;
    }

    // 定义一个抽象方法 draw()，无方法体，仅声明方法签名
    // 作为抽象类的子类必须实现此方法，以提供具体的绘图逻辑
    public abstract void draw();
}

// 定义一个名称为 Circle 的类，继承自抽象类 Shape，表示圆形
class Circle extends Shape {
    // 声明一个整型实例变量 radius，表示圆形的半径
    int radius;

    // 构造方法，接收三个整数参数 x、y 和 radius，分别用于初始化位置和半径
    // 调用父类 Shape 的构造方法以设置位置信息
    public Circle(int x, int y, int radius) {
        super(x, y);            // 调用父类的构造方法初始化位置
        this.radius = radius;   // 将传入的 radius 值赋给当前对象的 radius 属性
    }

    // 实现从抽象类 Shape 继承来的抽象方法 draw()
    // 输出字符串，描述在指定位置绘制一个具有特定半径的圆形
    @Override
    public void draw() {
        System.out.println("Draw circle at (" + x + ", " + y + ") with radius " + radius);
    }
}

// 定义一个名称为 Rectangle 的类，继承自抽象类 Shape，表示矩形
class Rectangle extends Shape {
    // 声明两个整型实例变量 width 和 height，表示矩形的宽和高
    int width, height;

    // 构造方法，接收四个整数参数 x、y、width 和 height，分别用于初始化位置和尺寸
    // 调用父类 Shape 的构造方法以设置位置信息
    public Rectangle(int x, int y, int width, int height) {
        super(x, y);             // 调用父类的构造方法初始化位置
        this.width = width;      // 将传入的 width 值赋给当前对象的 width 属性
        this.height = height;    // 将传入的 height 值赋给当前对象的 height 属性
    }
```

```
        // 实现从抽象类 Shape 继承来的抽象方法 draw()
        // 输出字符串，描述在指定位置绘制一个具有特定宽和高的矩形
        @Override
        public void draw() {
            System.out.println("Draw rectangle at (" + x + ", " + y + ") with width " + width + " and height " + height);
        }
    }


    // 主类 AbstractClassDemo，包含程序的主入口方法 main()
    public class AbstractClassDemo {
        // 公共静态方法 main()，程序执行的起点
        public static void main(String[] args) {
            // 创建 Circle 对象 circle，指定位置为(10, 10)，半径为 5
            Shape circle = new Circle(10, 10, 5);

            // 创建 Rectangle 对象 rectangle，指定位置为(20, 20)，宽为 10，高为 5
            Shape rectangle = new Rectangle(20, 20, 10, 5);

            // 调用 circle 对象的 draw()方法，输出绘制圆形的信息
            circle.draw();

            // 调用 rectangle 对象的 draw()方法，输出绘制矩形的信息
            rectangle.draw();
        }
    }
```

下面是接口的示例：定义一个接口 Shape，圆形和矩形都可以实现这个接口，所以定义了两个实现该接口的类，并在主类中使用了这两个类的对象。程序的运行结果如图 2-2 所示。

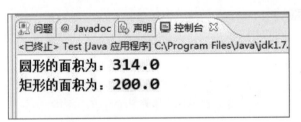

图 2-2　接口示例程序的运行结果

具体代码及解释如下：

```
public interface Shape {           // 接口 Shape
    public static final double PI = 3.14;
    public abstract void computeArea();
}

public class Circle implements Shape {        // Circle 类实现该接口
    double radius;
    Circle (double r){
```

```
            this.radius = r;
        }
        public void computeArea(){
            System.out.println("圆形的面积为："+PI*radius*radius);
        }
}

public class Rectangle implements Shape {        // Rectangle 类实现该接口
    double width;
    double height;
    public Rectangle(double w,double h){
        this.width = w;
        this.height = h;
    }
    public void computeArea(){
        System.out.println("矩形的面积为："+width*height);
    }
}

public class Test {        // 测试
    public static void main(String[] args) {
        Circle circle = new Circle(10);
        circle.computeArea();
        Rectangle rect = new Rectangle(10,20);
        rect.computeArea();
    }
}
```

下面是关于抽象类和接口的其他示例。

2.2.2　抽象类案例 1——饲养员喂食动物

📢 **文本提示**

使用抽象类和继承来实现动物类（如小狗和小猫）的喂食行为，并通过多态性调用不同动物对象的特定叫声。

💬 **编程思路**

（1）定义抽象类：创建一个抽象类 Animal，它代表所有动物的通用属性和行为。在这个抽象类中，定义了两个方法。

1）feed(String food)：公共方法，用于给动物喂食。该方法内部打印出喂食信息，并通过调用抽象方法 makeSound()触发动物发出叫声。

2）makeSound()：受保护的抽象方法，留给子类去具体实现。每个动物种类的叫声不同，因此通过抽象方法要求子类提供自己的叫声实现。

（2）实现具体动物类：定义两个具体动物类 Dog 和 Cat，它们都继承自抽象类 Animal，并各自实现了 makeSound()方法，以模拟小狗的"汪汪叫"和小猫的"喵喵叫"。

（3）编写喂食方法：为了方便喂食不同类型的动物，创建一个静态方法 feedAnimal(Animal

animal, String food)。该方法接收一个 Animal 类型的对象和一个食物名称字符串作为参数。该方法内部调用传入动物对象的 feed()方法，完成喂食操作并触发动物发出叫声。

（4）编写主方法：在主方法 main(String[] args)中，创建了 Dog 和 Cat 对象，并使用 feedAnimal()方法分别给小狗喂骨头、给小猫喂小鱼。每次喂食时，都会触发动物发出叫声。

具体代码及解释如下：

```java
// 定义一个名称为 OOP1 的公共类
public class OOP1 {

    // 程序主入口，公共静态方法 main()
    public static void main(String[] args) {
        // 使用 feedAnimal()方法给小狗喂骨头，小狗对象会发出叫声
        feedAnimal(new Dog(), "骨头");

        // 使用 feedAnimal()方法给小猫喂小鱼，小猫对象会发出叫声
        feedAnimal(new Cat(), "小鱼");
    }

    // 定义一个静态抽象类 Animal，作为所有动物类的基类
    static abstract class Animal {

        // 定义一个公共方法 feed()
        // 接收食物名称作为参数方法内部打印喂食信息并调用抽象方法 makeSound()
        public void feed(String food) {
            System.out.println("给" + this.getClass().getSimpleName() + "喂" + food);
            makeSound();    // 调用子类实现的 makeSound()方法，让动物发出叫声
        }

        // 定义一个受保护的抽象方法 makeSound()，子类需要覆盖此方法以提供具体的叫声实现
        protected abstract void makeSound();
    }

    // 定义一个静态内部类 Dog，继承自 Animal 类，表示小狗类型
    static class Dog extends Animal {

        // 实现从 Animal 类继承来的抽象方法 makeSound()输出字符串
        // 表示小狗发出"汪汪叫"的声音
        @Override
        protected void makeSound() {
            System.out.println("汪汪叫");
        }
    }

    // 定义一个静态内部类 Cat，继承自 Animal 类，表示小猫类型
    static class Cat extends Animal {
```

```
    // 实现从 Animal 类继承来的抽象方法 makeSound()输出字符串
    // 表示小猫发出"喵喵叫"的声音
    @Override
    protected void makeSound() {
        System.out.println("喵喵叫");
    }
}

// 定义一个静态方法 feedAnimal()，接收一个 Animal 类型的对象和一个食物名称字符串
// 方法内部调用传入动物对象的 feed()方法，完成喂食操作并触发动物发出叫声
static void feedAnimal(Animal animal, String food) {
    animal.feed(food);
}
}
```

2.2.3　抽象类案例 2——不同设备发声案例

📢 文本提示

设计并实现一个面向对象的程序，模拟用户选择并操作不同的发声设备。程序应具备以下功能：

（1）设备选择：程序应提示用户从预定义的设备列表中选择一种设备，设备包括但不限于收音机、随身听和手机。

（2）设备发声：用户选择设备后，程序应调用所选设备的发声方法，模拟设备开始播放声音。

（3）声音调节：所有设备应具有一个公共的可调节声音大小的属性（整数类型，默认值为 50），并在发声时显示当前声音大小。

💬 编程思路

设计一个名称为 Soundable 的抽象类，作为所有发声设备的基类，包含一个受保护的整型变量 volume 用于表示声音大小，一个抽象方法 makeSound()用于发声，以及一个公共方法 setVolume(int volume)用于设置声音大小。为收音机、随身听和手机分别创建具体类 Radio、Walkman 和 MobilePhone，它们均继承自 Soundable 抽象类，并实现 makeSound()方法，输出设备正在播放及当前声音大小的信息。

具体代码及解释如下：

```java
import java.util.Scanner;

public class OOP2 {

    // 程序主入口，公共静态方法 main()
    public static void main(String[] args) {
        // 创建 Scanner 对象，用于从控制台读取用户输入
        Scanner scanner = new Scanner(System.in);

        // 提示用户的选择要使用的设备，并接收用户输入的整数选择
        System.out.println("请选择要使用的设备：\n1. 收音机\n2. 随身听\n3. 手机");
```

```java
        int choice = scanner.nextInt();

        // 根据用户的选择创建不同类型的 Soundable 对象
        Soundable soundable;
        switch (choice) {
            case 1:
                soundable = new Radio();              // 创建 Radio 对象
                break;
            case 2:
                soundable = new Walkman();            // 创建 Walkman 对象
                break;
            case 3:
                soundable = new MobilePhone();        // 创建 MobilePhone 对象
                break;
            default:
                System.out.println("输入无效，程序退出");
                return;                               // 结束 main()方法
        }

        // 调用所选设备对象的 makeSound()方法，使其发声
        soundable.makeSound();
    }

// 定义一个抽象类 Soundable，作为所有能发声设备的基类
abstract class Soundable {

    // 定义一个受保护的整型变量 volume，表示设备的声音大小，默认值为 50
    protected int volume = 50;

    // 定义一个抽象方法 makeSound()，子类需要覆盖此方法以提供具体的发声实现
    public abstract void makeSound();

    // 定义一个公共方法 setVolume()，接收一个整数参数 volume，用于设置设备的声音大小
    public void setVolume(int volume) {
        this.volume = volume;     // 更新当前对象的声音大小属性
    }
}

// 定义一个具体类 Radio，继承自 Soundable 类，表示收音机设备
class Radio extends Soundable {

    // 实现从 Soundable 类继承来的抽象方法 makeSound()输出字符串
    // 表示收音机正在播放，附带当前声音大小
    @Override
    public void makeSound() {
        System.out.println("收音机正在播放，声音大小：" + volume);
```

```
        }
    }

    // 定义一个具体类 Walkman，继承自 Soundable 类，表示随身听设备
    class Walkman extends Soundable {

        // 实现从 Soundable 类继承来的抽象方法 makeSound()输出字符串
        // 表示随身听正在播放，附带当前声音大小
        @Override
        public void makeSound() {
            System.out.println("随身听正在播放，声音大小：" + volume);
        }
    }

    // 定义一个具体类 MobilePhone，继承自 Soundable 类，表示手机设备
    class MobilePhone extends Soundable {

        // 实现从 Soundable 类继承来的抽象方法 makeSound()输出字符串
        // 表示手机正在播放，附带当前声音大小
        @Override
        public void makeSound() {
            System.out.println("手机正在播放，声音大小：" + volume);
        }
    }
}
```

2.2.4　多态案例——实现不同类型员工加薪

🔊 **文本提示**

设计并实现一个面向对象的 Java 程序，模拟公司员工和经理的工资调整过程。

💬 **编程思路**

（1）定义员工类：定义一个名称为称 Employee 的类，表示公司的普通员工。该类应包含以下属性和方法。

1）属性：姓名（String 类型）、地址（String 类型）、工号（String 类型）、工资（double 类型，初始值为正数）、工龄（int 类型，初始值为正数）。

2）方法：构造方法（接收姓名、地址、工号、工资和工龄作为参数）、get 和 set 方法（用于访问和修改各属性）、raiseSalary(double percentage)方法（接收一个百分比参数，根据该百分比调整员工工资）及 toString()方法（返回包含员工所有属性信息的字符串）。

（2）定义经理类：定义一个名称为 Manager 的类，继承自 Employee 类，表示公司的经理。除继承自 Employee 类的属性和方法外，Manager 类还应包含以下属性和方法。

1）属性：级别（String 类型）。

2）方法：构造方法（接收姓名、地址、工号、工资、工龄和级别作为参数）、get 和 set 方法（用于访问和修改级别属性）及重写的 raiseSalary(double percentage)方法（接收一个百分比参数，经理在员工工资的基础上额外增加 20%的工资涨幅）。

（3）编写涨工资操作方法：编写两个静态方法 raiseSalary(Employee employee)和 raiseSalary (Manager manager)，分别用于给员工和经理涨工资。前者接收一个 Employee 对象，为其涨工资 10%；后者接收一个 Manager 对象，为其涨工资 20%。

（4）编写主方法：在主方法中创建一个 Employee 对象（张三，北京市海淀区，001，5000，2 年工龄）和一个 Manager 对象（李四，北京市朝阳区，002，8000，3 年工龄，高级级别）。在涨工资前输出员工和经理的信息，然后分别调用对应的 raiseSalary()方法给他们涨工资，最后再次输出员工和经理的信息，展示涨工资后的结果。

具体代码及解释如下：

```java
public class CPP3 {
    public static void main(String[] args) {
        // 创建员工和经理实例
        Employee employee = new Employee("张三", "北京市海淀区", "001", 5000, 2);
        Manager manager = new Manager("李四", "北京市朝阳区", "002", 8000, 3, "高级");

        // 涨工资前输出员工信息
        System.out.println("涨工资前员工信息：");
        System.out.println(employee.toString());
        System.out.println(manager.toString());

        // 给员工和经理涨工资
        raiseSalary(employee);
        raiseSalary(manager);

        // 涨工资后输出员工信息
        System.out.println("涨工资后员工信息：");
        System.out.println(employee.toString());
        System.out.println(manager.toString());
    }

    // 给员工涨工资的方法
    public static void raiseSalary(Employee employee) {
        employee.raiseSalary(10);
    }

    // 给经理涨工资的方法
    public static void raiseSalary(Manager manager) {
        manager.raiseSalary(0.2);
    }

    // 员工类
    static class Employee {
        private String name;      // 姓名
        private String address;   // 地址
        private String id;        // 工号
        private double salary;    // 工资
```

```java
private int years;          // 工龄

public Employee(String name, String address, String id, double salary, int years) {
    this.name = name;
    this.address = address;
    this.id = id;
    this.salary = salary;
    this.years = years;
}

public String getName() {
    return name;
}

public void setName(String name) {
    this.name = name;
}

public String getAddress() {
    return address;
}

public void setAddress(String address) {
    this.address = address;
}

public String getId() {
    return id;
}

public void setId(String id) {
    this.id = id;
}

public double getSalary() {
    return salary;
}

public void setSalary(double salary) {
    this.salary = salary;
}

public int getYears() {
    return years;
}
```

```java
        public void setYears(int years) {
            this.years = years;
        }

        public void raiseSalary(double percentage) {
            salary = salary * (1 + percentage);
        }

        @Override
        public String toString() {
            return "Employee{" +
                    "name='" + name + '\'' +
                    ", address='" + address + '\'' +
                    ", id='" + id + '\'' +
                    ", salary=" + salary +
                    ", years=" + years +
                    '}';
        }
    }

    // 经理类，继承自员工类
    static class Manager extends Employee {
        private String level;        // 级别

        public Manager(String name, String address, String id, double salary, int years, String level) {
            super(name, address, id, salary, years);
            this.level = level;
        }

        public String getLevel() {
            return level;
        }

        public void setLevel(String level) {
            this.level = level;
        }

        @Override
        public void raiseSalary(double percentage) {
            super.raiseSalary(percentage + 0.2);
        }

    }

}
```

2.3　匿名内部类

Java 中的匿名内部类是一种特殊的类定义方式，它没有显式的名称，即没有类名，而是直接在代码中定义并实例化。匿名内部类常用于简化代码，尤其是在仅需要创建某个类或接口的一个临时、一次性的实现时。其主要特征和使用场景如下。

（1）定义方式：匿名内部类定义在另一个类或方法内部，紧接在创建它的实例语句之后。其定义形式如下：

```
InterfaceType variableName = new InterfaceType() {
    // 类体，包含方法和其他成员的实现
};
```

或者

```
SuperclassType variableName = new SuperclassType() {
    // 类体，可能包含重写的方法和其他成员的实现
};
```

其中，InterfaceType 是需要实现的接口类型，SuperclassType 是需要继承的超类（非抽像类）类型。类体部分包含了该匿名内部类的成员变量、方法等实现。

（2）目的：匿名内部类主要用于快速创建一个类或接口的实现，而无须为这个实现单独创建一个命名的类文件。它适用于那些仅在特定上下文中使用一次，无须复用，且逻辑较为简单的情况。

（3）继承与实现：匿名内部类必须继承一个超类或实现一个接口。如果接口中有多个抽象方法，则匿名内部类必须提供所有方法的实现。如果继承超类，则可以选择重写超类中的某些方法。

（4）访问外部资源：匿名内部类可以直接访问其外部封闭类的成员变量（包括私有变量，但必须是最终变量 final）和方法。对于局部变量，若要在匿名内部类中访问，则该局部变量必须是 final 的。

（5）实例化：匿名内部类是通过构造器直接实例化的，创建后得到的对象可以被赋值给一个引用变量（如定义方式中的 variableName），并通过该变量调用其方法。

（6）使用场景：

1）事件监听器：在图形用户界面（Graphical Use Interface，GUI）编程中，为按钮、窗口等组件添加事件监听器时，经常使用匿名内部类来快速定义监听器的实现。

2）回调函数：用于在需要提供一个接口实现作为参数的场景下，如排序算法中的比较器、线程任务的 Runnable 接口等。

3）一次性对象：当只需要创建一个特定类型对象的单例实例，并且这个实例的逻辑简单且与上下文紧密相关时，使用匿名内部类可以避免创建额外的类文件。

总的来说，Java 中的匿名内部类是一种便捷的编程技巧，它允许开发者在代码中即时定义并实例化一个继承自特定超类或实现特定接口的类，尤其适用于那些无须独立命名、简单且与上下文紧密结合的类实现。通过匿名内部类，可以减少代码量，提高程序的紧凑性和可读性。下面是一个匿名内部类的示例。

文本提示

用 Java 编写一个匿名内部类，要求有两个类 Main 和 MainTest。Main 类中定义一个接口 MyInterface 及主方法 main()，在 main()方法中使用匿名内部类创建一个 MyInterface 接口的实例，并调用了其实现的 doSomething()方法。MainTest 类是一个 JUnit 测试类，包含一个测试方法 testMyInterface()，该方法同样使用匿名内部类创建 MyInterface 接口的实例，调用 doSomething()方法，并利用 ByteArrayOutputStream 和 PrintStream 捕获并验证 System.out 的输出结果

编程思路

（1）定义接口：创建一个名称为 MyInterface 的接口，其中包含一个未实现的抽象方法 doSomething()。

（2）实现接口：在 Main 类的 main()方法中，使用匿名内部类创建 MyInterface 接口的一个实例。匿名内部类应实现 doSomething()方法，方法体输出字符串"在匿名内部类中实现了 doSomething()方法"。

（3）调用接口方法：在 main()方法中，调用创建的 MyInterface 实例的 doSomething()方法。

（4）编写单元测试：创建一个名称为 MainTest 的 JUnit 测试类，包含一个测试方法 testMyInterface()。在测试方法中，使用匿名内部类创建 MyInterface 接口的一个实例，实现方式与 Main 类中的相同。利用 ByteArrayOutputStream 和 PrintStream 捕获 System.out 的输出。调用创建的 MyInterface 实例的 doSomething()方法。使用 assertEquals()方法进行断言，验证输出结果是否与字符串"在匿名内部类中实现了 doSomething()方法"完全一致。

具体代码及解释如下：

```java
public class Main {
    public static void main(String[] args) {
        // 定义接口变量
        MyInterface myInterface;

        // 使用匿名内部类创建实例
        myInterface = new MyInterface() {
            @Override
            public void doSomething() {
                System.out.println("在匿名内部类中实现了 doSomething()方法");
            }
        };

        // 调用接口方法
        myInterface.doSomething();
    }

    // 定义接口
    interface MyInterface {
        void doSomething();
    }
}
```

```
}


import static org.junit.Assert.assertEquals;
import java.io.ByteArrayOutputStream;
import java.io.PrintStream;
import org.junit.Test;

public class MainTest {
    @Test
    public void testMyInterface() {
        // 定义接口变量
        Main.MyInterface myInterface;

        // 使用匿名内部类创建实例
        myInterface = new Main.MyInterface() {
            @Override
            public void doSomething() {
                System.out.println("在匿名内部类中实现了 doSomething()方法");
            }
        };

        // 使用断言检查结果是否正确
        ByteArrayOutputStream outContent = new ByteArrayOutputStream();
        System.setOut(new PrintStream(outContent));
        myInterface.doSomething();
        assertEquals("在匿名内部类中实现了 doSomething()方法\n", outContent.toString());
    }
}
```

2.4　综 合 案 例

2.4.1　多功能手机

文本提示

用 Java 开发一个简单的手机模拟系统，该系统能够创建并管理不同品牌和型号的手机实例，并允许用户通过控制台交互选择他们想要使用的手机。

编程思路

（1）定义一个抽象的 Phone 类，包含手机的基本属性（型号、操作系统、CPU、屏幕尺寸）及一个抽象方法 use()，用于表示手机的特色功能。

（2）定义三个具体的手机品牌类（Iphone、Samsung、Huawei），分别继承自 Phone 类并实现各自的特色功能。

（3）在主程序中创建三个不同品牌手机的实例，并输出它们的属性信息。

（4）提供用户界面，让用户从预定义的选项中选择一个手机，然后输出所选手机的特色功能。

具体代码及解释如下：

```java
// 导入 Java 标准库中的 Scanner 类，用于从控制台获取用户输入
import java.util.Scanner;

// 定义名称为 CCP4 的公共类
public class CCP4 {

    // 主方法，程序执行的入口
    public static void main(String[] args) {
        // 创建三个不同型号的手机实例
        Phone iphone = new Iphone("iPhone 12", "iOS", "A14 Bionic", 6.1);
        Phone samsung = new Samsung("Galaxy S21", "Android", "Exynos 2100", 6.2);
        Phone huawei = new Huawei("Mate 40 Pro", "HarmonyOS", "Kirin 9000", 6.76);

        // 输出手机属性
        System.out.println("手机属性分析：");
        System.out.println(iphone.toString());          // 输出 Iphone 的属性信息
        System.out.println(samsung.toString());         // 输出 Samsung 的属性信息
        System.out.println(huawei.toString());          // 输出 Huawei 的属性信息

        // 询问用户想使用哪个手机
        Scanner scanner = new Scanner(System.in);        // 创建 Scanner 对象以读取用户输入
        System.out.println("请选择要使用的手机：\n1. Iphone\n2. Samsung\n3. Huawei");
        int choice = scanner.nextInt();                  // 获取用户输入的整数选择

        // 根据用户选择，使用不同型号的手机
        Phone phone;
        switch (choice) {
            case 1:
                phone = iphone;     // 用户选择了 Iphone，将 phone 变量指向 Iphone 实例
                break;
            case 2:
                phone = samsung;    // 用户选择了 Samsung，将 phone 变量指向 Samsung 实例
                break;
            case 3:
                phone = huawei;     // 用户选择了 Huawei，将 phone 变量指向 Huawei 实例
                break;
            default:
                System.out.println("输入无效，程序退出");      // 用户输入不在预期范围内
                                                        // 输出提示并结束程序

                return;
        }

        // 输出正在使用的功能
```

```java
        System.out.println("正在使用：" + phone.use());      // 调用 phone 实例的 use()方法
                                                              // 输出当前选择的手机的特色功能
    }

    // 定义手机抽象类，静态嵌套在 CCP4 类中
    abstract static class Phone {

        // 定义手机的属性：型号、操作系统、CPU、屏幕尺寸
        protected String model;
        protected String os;
        protected String cpu;
        protected double screen;

        // 构造方法，初始化手机的属性
        public Phone(String model, String os, String cpu, double screen) {
            this.model = model;
            this.os = os;
            this.cpu = cpu;
            this.screen = screen;
        }

        // 定义抽象方法 use()，由子类具体实现，表示手机的特色功能
        public abstract String use();

        // 重写 Object 类的 toString()方法，提供手机属性的字符串表示
        @Override
        public String toString() {
            return "Phone{" +
                    "model='" + model + '\'' +
                    ", os='" + os + '\'' +
                    ", cpu='" + cpu + '\'' +
                    ", screen=" + screen +
                    '}';
        }
    }
}

    // 定义 Iphone 类，继承自 Phone 抽象类
    static class Iphone extends Phone {

        // 构造方法，调用父类 Phone 的构造方法初始化 Iphone 的属性
        public Iphone(String model, String os, String cpu, double screen) {
            super(model, os, cpu, screen);
        }

        // 实现 Phone 类中声明的抽象方法 use()
        @Override
```

```java
    public String use() {
        return "FaceTime 通话";              // Iphone 的特色功能为 FaceTime 通话
    }
}

// 定义 Samsung 类，继承自 Phone 抽象类
static class Samsung extends Phone {

    // 构造方法，调用父类 Phone 的构造方法初始化 Samsung 的属性
    public Samsung(String model, String os, String cpu, double screen) {
        super(model, os, cpu, screen);
    }

    // 实现 Phone 类中声明的抽象方法 use()
    @Override
    public String use() {
        return "S Pen 绘图";                 // Samsung 的特色功能为 S Pen 绘图
    }
}

// 定义 Huawei 类，继承自 Phone 抽象类
static class Huawei extends Phone {

    // 构造方法，调用父类 Phone 的构造方法初始化 Huawei 的属性
    public Huawei(String model, String os, String cpu, double screen) {
        super(model, os, cpu, screen);
    }

    // 实现 Phone 类中声明的抽象方法 use()
    @Override
    public String use() {
        return "麒麟游戏加速";                 // Huawei 的特色功能为 麒麟游戏加速
    }
}
}
```

2.4.2　银行业务

⊙ 文本提示

用 Java 模拟实现银行账户管理，具备存款、取款、显示余额等基本功能。

⊙ 编程思路

定义一个公共类，其中包含一个主方法 main() 作为程序的入口。创建一个 Account 类，作为公共类中的一个静态嵌套类，用于封装银行账户的相关属性（如账号、账户余额）和行为（如存款、取款）。主方法中创建了一个 Account 类的实例，并进行了存款、取款操作，最后输出账户余额。

具体代码及解释如下：

```java
// 定义名称为 CCP5 的公共类
public class CCP5 {

    // 主方法，程序入口
    public static void main(String[] args) {
        // 创建账户实例，账号为"123456"，初始余额为 500 元
        Account ba = new Account("123456", 500);

        // 调用存款方法，向账户中存入 1000 元
        ba.deposit(1000);

        // 调用取款方法，从账户中取出 800 元
        ba.withdraw(800);

        // 输出当前账户余额
        System.out.println("账户余额：" + ba.getBalance());
    }

    // 定义静态嵌套类 Account，代表银行账户
    static class Account {
        // 定义私有成员变量，表示账号
        private String accountNo;
        // 定义私有成员变量，表示账户余额
        private double balance;

        // 构造方法，初始化账号和初始余额
        public Account(String accountNo, double balance) {
            this.accountNo = accountNo;
            this.balance = balance;
        }

        // 提供 get 方法，获取账号
        public String getAccountNo() {
            return accountNo;
        }

        // 提供 set 方法，设置账号
        public void setAccountNo(String accountNo) {
            this.accountNo = accountNo;
        }

        // 提供 get 方法，获取账户余额
        public double getBalance() {
            return balance;
        }
```

```java
    // 提供 set 方法, 设置账户余额
    public void setBalance(double balance) {
        this.balance = balance;
    }

    // 定义存款方法, 向账户中增加指定金额
    public void deposit(double money) {
        balance += money;
        System.out.println("存入: " + money);
    }

    // 定义取款方法, 从账户中减少指定金额, 检查余额是否足够
    public void withdraw(double money) {
        if (balance >= money) {
            balance -= money;
            System.out.println("取出: " + money);
        } else {
            System.out.println("余额不足");
        }
    }
}
```

2.4.3 图书业务

⊕ 文本提示

用 Java 模拟实现一个简单的书店购书系统, 包括图书信息管理、顾客购书流程及订单生成等功能。

⊕ 编程思路

（1）导入所需库。

1）java.util.ArrayList 和 java.util.List：用于创建和操作动态数组（列表）, 存储图书对象和订单项对象。

2）java.util.Scanner：用于从控制台读取用户输入的图书编号和购买数量。

（2）定义主类及其 main() 方法。

1）创建图书列表：初始化一个 ArrayList<Book> 对象, 用于存储图书对象。使用 newBook(...) 创建四个示例图书对象, 每个图书对象包含图书编号、书名、单价和库存信息。将这些图书对象添加到图书列表中。

2）输出所有图书信息：遍历图书列表, 对每个图书对象调用其 toString() 方法, 获取图书信息的字符串表示。将这些字符串逐行打印到控制台, 展示所有图书的详细信息。

3）顾客购买图书：创建一个 Scanner 对象, 用于读取用户输入。初始化一个空的 ArrayList<OrderItem> 作为订单项列表, 以及两个变量 totalQuantity 和 totalPrice 分别记录总购买数量和总价。使用无限循环等待用户输入图书编号, 直到用户输入 "0" 表示结束购买。

4）询问并获取用户输入的图书编号：打印提示信息，使用 scanner.nextLine()读取用户输入的图书编号字符串。

5）查找对应图书：遍历图书列表，通过比较图书编号找到匹配的图书对象，若未找到，则输出错误信息并跳过本次循环。

6）询问并获取用户购买数量：打印提示信息，使用 scanner.nextInt()读取用户输入的购买数量整数，随后使用 scanner.nextLine()清除余下的换行符。

- 检查库存：检查所选图书的库存是否满足购买数量，若不足，则输出库存信息并跳过本次循环。
- 添加订单项：计算该订单项的总价（数量×乘号单价），创建一个新的 OrderItem 对象，并将其添加到订单项列表中。同时更新总购买数量和总价。
- 更新图书库存：减去已购买数量，更新所选图书的库存。
- 反馈给用户：输出成功添加到订单中的信息。

7）输出订单信息：生成订单号，使用当前时间戳（毫秒）表示。遍历订单项列表，对每个订单项调用其 toString()方法，获取订单项信息的字符串表示，逐行打印到控制台。输出总购买数量和总价，完成订单信息的展示。

（3）定义内部类 Book。

1）成员变量：存储图书编号（String bookNo）、书名（String bookName）、单价（double price）和库存（int stock）。

2）构造方法：接收四个参数分别初始化成员变量。

3）get/set 方法：提供对各成员变量的访问和修改。

4）toString()方法：重写以返回图书信息的字符串表示，便于输出和展示。

（4）定义内部类 OrderItem。

1）成员变量：存储图书对象（Book book）、购买数量（int quantity）和总价（double price）。

2）构造方法：接收三个参数分别初始化成员变量。

3）get/set 方法：提供对各成员变量的访问和修改。

4）toString()方法：重写以返回订单项信息的字符串表示，便于输出和展示。

具体代码及解释如下：

```java
// 导入 ArrayList 类，用于创建动态数组
import java.util.ArrayList;
// 导入 List 接口，作为创建和操作列表数据结构的泛型类型
import java.util.List;
// 导入 Scanner 类，用于从控制台接收用户输入
import java.util.Scanner;

public class CCP6 {

    public static void main(String[] args) {
        // 创建图书列表，使用 ArrayList 实现 List 接口
        List<Book> books = new ArrayList<>();
        // 向图书列表中添加四本预设图书
        books.add(new Book("001", "Java 编程思想", 89.9, 50));
```

```java
books.add(new Book("002", "Effective Java", 69.9, 30));
books.add(new Book("003", "Java 核心技术", 79.9, 40));
books.add(new Book("004", "Java 并发编程实战", 99.9, 20));

// 输出所有图书信息
System.out.println("所有图书信息：");
// 使用增强 for 循环遍历图书列表，并打印每本书的详细信息
for (Book book : books) {
    System.out.println(book.toString());
}

// 顾客购买图书流程
Scanner scanner = new Scanner(System.in);
List<OrderItem> orderItems = new ArrayList<>();
int totalQuantity = 0;
double totalPrice = 0;

// 无限循环，等待用户输入图书编号，输入“0”时跳出循环
while (true) {
    // 提示用户输入要购买的图书编号
    System.out.print("请输入要购买的图书编号（输入 0 结束购买）：");
    String bookNo = scanner.nextLine();
    if (bookNo.equals("0")) {
        break;
    }

    // 在图书列表中查找用户输入编号对应的图书
    Book book = null;
    for (Book b : books) {
        if (b.getBookNo().equals(bookNo)) {
            book = b;
            break;
        }
    }

    // 如果未找到对应图书，则提示用户输入无效并继续下一轮循环
    if (book == null) {
        System.out.println("无效的图书编号");
        continue;
    }

    // 提示用户输入购买数量
    System.out.print("请输入要购买的数量：");
    int quantity = scanner.nextInt();
    scanner.nextLine();      // 跳过换行符，准备下一轮 nextLine()

    // 检查所选图书库存是否足够
```

```java
        if (book.getStock() < quantity) {
            System.out.println("库存不足，当前库存：" + book.getStock());
            continue;
        }

        // 根据购买数量计算总价，并创建新的订单项
        double price = book.getPrice() * quantity;
        orderItems.add(new OrderItem(book, quantity, price));
        // 累加订单总量和总价
        totalQuantity += quantity;
        totalPrice += price;

        // 更新所选图书的库存
        book.setStock(book.getStock() - quantity);

        System.out.println("成功添加到订单中");
    }

    // 输出订单信息
    System.out.println("订单信息：");
    // 使用当前时间戳作为订单号
    System.out.println("订单号：" + System.currentTimeMillis());
    // 遍历订单项列表，打印每个订单项的详细信息
    for (OrderItem item : orderItems) {
        System.out.println(item.toString());
    }
    // 打印订单总量和总价
    System.out.println("订单总量：" + totalQuantity);
    System.out.println("订单总价：" + totalPrice);
}

// 定义静态嵌套类 Book，表示单本图书的信息
static class Book {
    private String bookNo;        // 图书编号
    private String bookName;      // 书名
    private double price;         // 单价
    private int stock;            // 库存

    public Book(String bookNo, String bookName, double price, int stock) {
        this.bookNo = bookNo;
        this.bookName = bookName;
        this.price = price;
        this.stock = stock;
    }

    // 提供 get 和 set 方法，用于访问和修改图书属性
```

```java
        public String getBookNo() {
            return bookNo;
        }

        public void setBookNo(String bookNo) {
            this.bookNo = bookNo;
        }

        public String getBookName() {
            return bookName;
        }

        public void setBookName(String bookName) {
            this.bookName = bookName;
        }

        public double getPrice() {
            return price;
        }

        public void setPrice(double price) {
            this.price = price;
        }

        public int getStock() {
            return stock;
        }

        public void setStock(int stock) {
            this.stock = stock;
        }

        // 重写 toString()方法，以便于输出图书的详细信息
        @Override
        public String toString() {
            return "图书编号：" + bookNo + "，书名：" + bookName + "，单价：" + price + "，库存：" + stock;
        }
    }

    // 定义静态嵌套类 OrderItem，表示订单中的单个商品项
    static class OrderItem {
        private Book book;          // 图书
        private int quantity;       // 购买数量
        private double price;       // 总价

        public OrderItem(Book book, int quantity, double price) {
```

```
                this.book = book;
                this.quantity = quantity;
                this.price = price;
            }

            // 提供 get 和 set 方法，用于访问和修改订单项属性
            public Book getBook() {
                return book;
            }

            public void setBook(Book book) {
                this.book = book;
            }

            public int getQuantity() {
                return quantity;
            }

            public void setQuantity(int quantity) {
                this.quantity = quantity;
            }

            public double getPrice() {
                return price;
            }

            public void setPrice(double price) {
                this.price = price;
            }

            // 重写 toString()方法，以便于输出订单项的详细信息
            @Override
            public String toString() {
                return "书名：" + book.getBookName() + "，单价：" + book.getPrice() + "，购买数量：
" + quantity + "，总价：" + price;
            }
        }
    }
```

此程序实现了书店购书系统的功能，包括图书信息管理、顾客购书流程及订单生成。系统通过控制台交互方式接收用户输入，根据输入查询图书信息、检查库存、计算总价、更新图书库存，并最终生成和展示订单信息。

2.4.4　投票系统

 文本提示

用 Java 设计并实现一个简易投票系统，用于模拟 100 名学生进行投票并统计投票结果。

💬 **编程思路**

（1）导入所需库。

1）java.util.HashMap：用于存储学生的投票状态和投票结果。

2）java.util.Scanner：用于从控制台接收用户输入。

（2）定义主类 VoteProgram 及其 main() 方法。

（3）初始化投票状态与计数器：定义一个 HashMap<Integer, Boolean>，键为学生编号（1～100），值为布尔型值，表示学生是否已投票。初始状态下，所有学生的投票状态为 false（未投票）。定义一个整数变量 count，初始化为 0，用于统计已投票的学生人数。

（4）开始投票流程：创建一个 Scanner 对象，用于接收用户输入。使用无限循环开始投票，直到达到投票人数的上限（100 人）为止。

1）获取学生投票编号：打印提示信息，使用 scanner.nextInt() 读取用户输入的投票编号。

2）检查投票资格：通过 votes.get(num) 查询该学生是否已投票。若已投票，则输出提示信息并跳出本次循环。

3）标记已投票：将 votes 中对应编号的学生投票状态设为 true，并更新 count（已投票人数加 1）。

4）输出确认信息：打印感谢投票的信息。

5）判断投票人数上限：若投票人数已达到 100 人，则跳出投票循环。

（5）统计投票结果：定义一个 HashMap<String, Integer>，键为候选人姓名，值为整数，表示候选人获得的票数。

遍历已投票的学生（编号为 1～100），对于已投票的学生，有以下几个操作：

1）询问投票对象：打印提示信息，使用 scanner.next() 读取用户输入的投票对象（候选人姓名）。

2）更新投票结果：将候选人的得票数在 results 中增加 1（如果候选人不存在，则默认为 0）。

（6）输出投票结果：打印投票结束信息。打印已投票的学生人数。遍历 results 的键（候选人姓名），依次输出每个候选人的得票数。关闭 Scanner 对象，释放资源。

具体代码及解释如下：

```java
// 导入所需库
// 包括 HashMap（用于存储学生的投票状态和投票结果）和 Scanner（用于从控制台接收用户输入）
import java.util.HashMap;
import java.util.Scanner;

public class VoteProgram {
    public static void main(String[] args) {

        // 定义一个 HashMap 来存储每个学生的投票状态，键为学生编号（整数），值为布尔值
        // 初始状态为 false，表示未投票
        HashMap<Integer, Boolean> votes = new HashMap<Integer, Boolean>();
        for (int i = 1; i <= 100; i++) {
            votes.put(i, false);    // 为编号为 i 的学生设置投票状态为未投票
        }
```

```java
// 定义一个计数器来统计已经投票的学生人数，初始化为 0
int count = 0;

// 开始投票，使用 Scanner 对象从控制台读取用户输入
Scanner scanner = new Scanner(System.in);
while (true) {      // 无限循环，直到满足投票结束条件

    // 获取学生的投票编号
    System.out.print("请输入你的投票编号（1～100）：");      // 提示用户输入
    int num = scanner.nextInt();                            // 读取用户输入的投票编号

    // 检查该学生是否已经投票，通过查询 votes HashMap 获取其投票状态
    if (votes.get(num)) {
        System.out.println("请勿重复投票！");      // 若已投票，则提示用户不要重复投票
        continue;                                 // 跳过本次循环，重新获取新的投票编号
    }

    // 标记该学生已经投票，将 votes HashMap 中对应编号的学生投票状态设为 true
    votes.put(num, true);
    count++;                                     // 投票人数计数器加 1
    System.out.println("感谢你的投票！");          // 向用户反馈投票成功信息

    // 判断是否已经达到投票人数上限（100 人）
    if (count == 100) {
        break;                                   // 若已满 100 人，则跳出投票循环
    }
}

// 统计投票结果，使用另一个 HashMap 存储候选人及其得票数
HashMap<String, Integer> results = new HashMap<String, Integer>();

// 遍历已投票的学生（编号为 1～100），询问他们投票给哪个候选人
for (int i = 1; i <= 100; i++) {
    if (votes.get(i)) {                          // 如果这个学生已投票

        // 提示学生输入投票对象的姓名
        System.out.print("学生" + i + "投票给了谁：");
        String candidate = scanner.next();       // 读取输入的候选人姓名

        // 更新投票结果 HashMap，候选人的得票数增加 1（如果候选人不存在，则默认为 0）
        results.put(candidate, results.getOrDefault(candidate, 0) + 1);
    }
}

// 输出投票结束信息和统计结果
System.out.println("投票结束！");
```

```
        System.out.println("投票人数：" + count);
        System.out.println("投票结果：");

        // 遍历投票结果 HashMap 的键（即候选人姓名），输出每个候选人的得票数
        for (String candidate : results.keySet()) {
            int votes_count = results.get(candidate);                  // 获取该候选人的得票数
            System.out.println(candidate + ": " + votes_count + " 票"); // 输出候选人及其得票数
        }

        // 关闭 Scanner 对象，释放资源
        scanner.close();
    }
}
```

此程序实现了简易投票系统的功能，包括初始化学生投票状态、接收用户投票、统计投票结果及输出投票结果。系统通过控制台交互方式接收用户输入，根据输入更新投票状态、统计投票人数和投票结果，并最终输出投票结果信息。

2.4.5　仓库管理系统

🔊 文本提示

用 Java 设计并实现一个简单的仓库管理系统，用于管理华为和小米两款手机的库存信息。

💬 编程思路

（1）导入所需库：java.util.Scanner，用于从控制台接收用户输入。

（2）定义主类 Warehouse。

1）定义商品属性：定义私有成员变量，分别表示商品的品牌、型号、尺寸、价格、配置、库存和总价。

2）构造函数：定义构造函数，用于接收商品的各项信息及初始库存，并计算总价。

3）商品信息获取方法：提供一个公共方法 getInfo()，返回商品的详细信息（包括品牌、型号、尺寸、价格、配置、库存和总价）。

4）库存更新方法：提供一个公共方法 updateStock(int count)，根据传入的入库数量更新库存和总价。

5）库存与总价获取方法：提供两个公共方法 getStock()和 getTotalPrice()，分别返回当前库存数量和库存商品的总金额（总价）。

（3）编写主方法（main）。

1）创建商品对象：创建两个 Warehouse 对象，分别代表华为和小米品牌的手机商品，初始化其各项属性和库存。

2）接收用户输入：创建一个 Scanner 对象，用于从控制台接收用户输入。提示用户分别输入华为和小米手机的入库数量，并使用 nextInt()读取用户输入的整数值。

3）更新库存与总价：调用 updateStock()方法，根据用户输入的入库数量更新华为和小米手机的库存和总价。

4）打印商品信息：打印所有商品的详细信息，通过调用 getInfo() 方法获取并打印每个商品的字符串表示。

5）计算并输出总库存数和库存商品的总金额：计算总库存数（华为和小米手机库存之和）。计算库存商品的总金额（华为和小米手机总价之和）。打印总库存数和库存商品的总金额。

　　具体代码及解释如下：

```java
// 导入 Scanner 类，用于从控制台接收用户输入
import java.util.Scanner;

public class Warehouse {
    // 定义私有成员变量，分别表示商品的品牌、型号、尺寸、价格、配置、库存和总价
    private String brand;              // 品牌
    private String model;              // 型号
    private double size;               // 尺寸
    private double price;              // 价格
    private String config;             // 配置
    private int stock;                 // 库存
    private double totalPrice;         // 总价

    // 构造函数，用于接收商品的各项信息及初始库存，并计算总价
    public Warehouse(String brand, String model, double size, double price, String config, int stock) {
        this.brand = brand;            // 设置品牌
        this.model = model;            // 设置型号
        this.size = size;              // 设置尺寸
        this.price = price;            // 设置价格
        this.config = config;          // 设置配置
        this.stock = stock;            // 设置库存
        this.totalPrice = price * stock; // 计算并设置总价（库存数量×单价）
    }

    // 提供一个公共方法，返回商品的详细信息
    public String getInfo() {
        return brand + " " + model + " " + size + "英寸 " + price + "元 " + config + " 库存：" + stock + " 总
价：" + totalPrice + "元";
    }

    // 提供一个公共方法，根据传入的入库数量更新库存和总价
    public void updateStock(int count) {
        stock += count;                // 增加库存数量
        totalPrice = price * stock;    // 根据新的库存数量重新计算总价
    }

    // 提供一个公共方法，返回当前库存数量
    public int getStock() {
        return stock;
    }

    // 提供一个公共方法，返回当前库存商品的总金额（总价）
    public double getTotalPrice() {
```

```
            return totalPrice;
        }

        // 主方法，程序入口
        public static void main(String[] args) {
            // 创建两个 Warehouse 对象，分别代表华为和小米品牌的手机商品
            Warehouse huawei = new Warehouse("华为", "Mate 40 Pro", 6.76, 5999.0, "8GB+256GB", 100);
            Warehouse xiaomi = new Warehouse("小米", "11 Ultra", 6.81, 5999.0, "8GB+256GB", 100);

            // 创建 Scanner 对象，用于从控制台接收用户输入
            Scanner scanner = new Scanner(System.in);

            // 提示用户输入华为和小米手机的入库数量，并读取输入
            System.out.print("请输入华为手机的入库数量：");
            int huaweiCount = scanner.nextInt();
            System.out.print("请输入小米手机的入库数量：");
            int xiaomiCount = scanner.nextInt();

            // 调用 updateStock()方法，根据用户输入的入库数量更新华为和小米手机的库存和总价
            huawei.updateStock(huaweiCount);
            xiaomi.updateStock(xiaomiCount);

            // 打印所有商品的详细信息
            System.out.println("仓库中所有商品信息如下：");
            System.out.println(huawei.getInfo());
            System.out.println(xiaomi.getInfo());

            // 计算并打印总库存数和库存商品的总金额
            int totalStock = huawei.getStock() + xiaomi.getStock();
            double totalAmount = huawei.getTotalPrice() + xiaomi.getTotalPrice();
            System.out.println("总库存数：" + totalStock + " 总金额：" + totalAmount + "元");
        }
    }
```

此程序实现了简单的仓库管理系统的功能，包括创建商品对象、接收用户输入、更新库存信息、打印商品信息及计算并输出总库存数和库存商品的总金额。系统通过控制台交互方式接收用户输入，根据输入更新商品的库存和总价，并最终输出相关信息。

2.4.6 超市购物结算系统

📢 文本提示

用 Java 设计并实现一个简单的超市购物结算系统，用于管理五种商品（牙刷、毛巾、水杯、苹果、香蕉）的购买与结算。

💬 编程思路

（1）导入所需库：java.util.Scanner，用于从控制台接收用户的输入。

（2）定义主类 Supermarket 及其 main()方法。

（3）定义商品信息：定义商品名称数组和对应价格数组，用于存储五种商品的信息。

（4）初始化变量与循环处理购买请求：创建一个 Scanner 对象，用于从控制台接收用户输入。初始化相关变量，包括用户输入的商品序号、购买数量、是否继续购买的选择及累计总价。使用 do...while 循环处理用户的购买请求，直到用户选择不再继续购买。

1）打印商品列表：在循环内部，遍历商品名称和对应价格数组，按序号输出所有商品信息。

2）接收用户输入：提示用户输入要购买的商品序号和数量，并使用 nextInt() 和 next() 方法分别读取整数和字符类型的用户输入。商品序号减 1 以匹配数组索引。

3）计算商品总价：根据用户输入的商品序号和购买数量，从价格数组中获取对应价格并累加到总价。

4）判断是否继续购买：提示用户输入是否继续购买的选项（Y/N），并读取用户输入的字符。当用户输入为"Y"（忽略大小写）时，继续下一轮购买。

（5）退出循环并打印总价：当用户选择不再继续购买时，退出循环并输出用户需支付的累计总价。

具体代码及解释如下：

```java
// 导入 Scanner 类，用于从控制台接收用户输入
import java.util.Scanner;

public class Supermarket {
    public static void main(String[] args) {
        // 商品信息：定义商品名称数组和对应的价格数组
        String[] products = {"牙刷", "毛巾", "水杯", "苹果", "香蕉"};
        double[] prices = {8.8, 10.0, 18.8, 12.5, 15.5};

        // 控制台输入购买信息：创建 Scanner 对象、初始化相关变量
        Scanner scanner = new Scanner(System.in);
        String input;
        int productIndex;
        int count;
        double totalPrice = 0.0;        // 初始化总价为 0.0

        // 循环处理用户的购买请求，直到用户选择不再继续购买
        do {
            // 打印商品列表：遍历商品名称和价格数组，按序号输出
            System.out.println("商品列表如下：");
            for (int i = 0; i < products.length; i++) {
                System.out.println((i+1) + "、" + products[i] + " " + prices[i] + "元");
            }

            // 控制台输入商品序号和购买数量：提示用户输入并读取商品序号和购买数量
            System.out.print("请输入要购买的商品序号：");
            productIndex = scanner.nextInt() - 1;        // 商品序号减 1 以匹配数组索引
            System.out.print("请输入要购买的数量：");
```

```
        count = scanner.nextInt();

        // 计算商品总价：根据用户输入的商品序号和购买数量，从价格数组中获取对应价格并
        // 累加到总价
        totalPrice += prices[productIndex] * count;

        // 控制台输入是否继续购买：提示用户输入并读取是否继续购买的选项（Y/N）
        System.out.print("是否继续购买（Y/N）？ ");
        input = scanner.next();                 // 读取用户输入的字符

    } while (input.equalsIgnoreCase("Y"));      // 当用户输入为"Y"时，继续下一轮购买

    // 打印总价：输出用户需支付的总价
    System.out.println("您需要支付： " + totalPrice + "元");
    }
}
```

此程序实现了超市购物结算系统的功能，包括定义商品信息、接收用户购买信息、计算商品总价循环处理购买请求。系统通过控制台交互方式接收用户输入，根据输入计算商品总价，并最终输出用户需支付的总价。

2.4.7　员工部门分配系统

🔊 **文本提示**

用 Java 实现一个简单的员工部门分配系统，用于根据员工的应聘语言为其分配相应的部门。

💭 **编程思路**

（1）导入所需库：java.util.Scanner，用于从控制台接收用户输入。

（2）定义主类 EmployeeDepartment 及其 main()方法。

（3）定义部门信息：定义部门名称数组和对应应聘语言数组，用于存储公司的部门信息。

（4）接收用户输入：创建一个 Scanner 对象，用于从控制台接收用户输入。提示用户输入员工姓名和应聘语言，并使用 next()方法分别读取字符串类型的用户输入。

（5）查找匹配部门：初始化部门索引为-1，遍历应聘语言数组，使用 equalsIgnoreCase()方法比较输入的应聘语言与数组中的元素，忽略大小写。若找到匹配项，则将索引赋值给departmentIndex，并结束循环。

（6）输出分配结果或提示信息：根据查找结果决定输出内容，当查找不到匹配部门时，输出提示信息"很抱歉，公司目前没有与您应聘的语言匹配的部门！"；当查找到匹配部门时，输出欢迎信息，包括员工姓名和对应部门名称。

具体代码及解释如下：

```
// 导入 Scanner 类，用于从控制台接收用户输入
import java.util.Scanner;

public class EmployeeDepartment {
    public static void main(String[] args) {
        // 部门信息：定义部门名称数组和对应应聘语言数组
```

```
            String[] departments = {"java 程序开发部门", "python 程序开发部门", "C 程序测试部门", "前端程
序开发部门"};
            String[] languages = {"java", "python", "C", "前端"};

            // 控制台输入员工信息：创建 Scanner 对象、提示用户输入并读取员工姓名和应聘语言
            Scanner scanner = new Scanner(System.in);
            System.out.print("请输入员工姓名：");
            String name = scanner.next();
            System.out.print("请输入员工应聘语言：");
            String language = scanner.next();

            // 查找匹配部门：初始化部门索引为-1，遍历应聘语言数组，查找与输入的应聘语言匹配的索引
            int departmentIndex = -1;
            for (int i = 0; i < languages.length; i++) {
                if (languages[i].equalsIgnoreCase(language)) {    // 使用 equalsIgnoreCase()比较字符串，忽略大小写
                    departmentIndex = i;            // 若找到匹配项，则将索引赋值给 departmentIndex
                    break;                          // 结束循环
                }
            }

            // 打印部门信息或提示信息：根据查找结果决定输出内容
            if (departmentIndex == -1) {            // 查找不到匹配部门时
                System.out.println("很抱歉，公司目前没有与您应聘的语言匹配的部门！");
            } else {                                // 查找到匹配部门时
                System.out.println(name + "，欢迎加入" + departments[departmentIndex] + "！");
                // 输出欢迎信息，包括员工姓名和对应部门名称
            }
        }
    }
```

此程序实现了简单的员工部门分配系统的功能，包括定义部门信息、接收用户输入的员工信息、查找匹配部门及输出分配结果或提示信息。系统通过控制台交互方式接收用户输入，根据输入查找匹配部门，并最终输出分配结果或提示信息。

2.4.8　石头剪刀布游戏

🔊 文本提示

用 Java 实现一个石头剪刀布游戏。

游戏规则如下：

（1）游戏共进行五局。

（2）每局开始时，程序输出当前局数和可供玩家选择的三个手势："剪刀""石头""布"，玩家通过输入对应数字（1、2、3）来选择出拳。

（3）程序随机生成计算机的出拳（等概率选择"剪刀""石头""布"）。

（4）根据"石头胜剪刀，剪刀胜布，布胜石头"的规则判断每局胜负：若玩家与计算机出拳相同，则判定为平局；否则，遵循上述循环相克规则，胜者得 1 分。

（5）游戏结束后，输出最终结果，包括"你赢了！""计算机赢了！""平局！"。

⊙ 编程思路

（1）导入所需库：引入 java.util.Random 和 java.util.Scanner 库，分别用于生成随机数和接收用户输入。

（2）定义 RockPaperScissors 类：创建一个名称为 RockPaperScissors 的公共类。

（3）编写 main()方法：作为程序的入口。

（4）初始化游戏状态：创建 Scanner 对象 scanner，用于后续接收玩家的出拳选择。定义变量 rounds，设置游戏回合数为 5。初始化玩家与计算机的得分变量 playerScore 和 computerScore 均为 0。定义字符串数组 gestures 存储三种手势。创建 Random 对象 random，用于生成计算机随机出拳的索引。

（5）进行游戏回合：使用 for 循环遍历五局游戏。

1）生成计算机出拳：调用 random.nextInt(3)生成 0~2 的随机整数，作为计算机出拳的手势索引。

2）提示玩家出拳：输出当前局数和可供选择的手势列表，让玩家输入对应的数字（1、2、3）。

3）获取玩家出拳：使用 scanner.nextInt()接收玩家的输入，将其减 1 转换为数组索引来表示玩家出拳。

4）判断胜负：比较玩家与计算机出拳索引是否相等，若相等则为平局；若不相等，则按照"石头胜剪刀，剪刀胜布，布胜石头"的规则判断胜负，胜者得分加 1。

（6）输出最终结果：循环结束后，比较 playerScore 和 computerScore 的值，根据分数关系输出最终结果"你赢了！""计算机赢了！""平局！"。

具体代码及解释如下：

```java
// 导入 Java 的 Random 类，用于生成随机数
import java.util.Random;

// 导入 Java 的 Scanner 类，用于从控制台接收用户输入
import java.util.Scanner;

// 定义 RockPaperScissors 类，包含游戏主逻辑
public class RockPaperScissors {
    // 主方法，程序执行入口
    public static void main(String[] args) {
        // 创建 Scanner 对象，用于从控制台接收游戏信息输入
        Scanner scanner = new Scanner(System.in);

        // 设置游戏回合数为 5
        int rounds = 5;

        // 初始化玩家与计算机的得分，均设为 0
        int playerScore = 0;
        int computerScore = 0;
```

```java
// 定义手势数组，包含 "剪刀" "石头" "布"
String[] gestures = {"剪刀", "石头", "布"};

// 创建 Random 对象，用于生成计算机随机出拳的索引
Random random = new Random();

// 循环进行 5 局游戏
for (int i = 0; i < rounds; i++) {
    // 使用 Random 对象生成 0~2 的随机整数，作为计算机出拳的手势索引
    int computerGestureIndex = random.nextInt(3);

    // 输出当前局数及可选出拳手势供玩家选择
    System.out.println("第" + (i + 1) + "局，请出拳：");
    for (int j = 0; j < gestures.length; j++) {
        System.out.println((j + 1) + "、" + gestures[j]);
    }

    // 从控制台接收玩家输入的数字（1、2、3），减 1 后得到玩家出拳的手势索引
    int playerGestureIndex = scanner.nextInt() - 1;

    // 根据玩家与计算机出拳手势索引判断本局胜负
    if (playerGestureIndex == computerGestureIndex) {
        System.out.println("这一局平局！");
    } else if ((playerGestureIndex == 0 && computerGestureIndex == 2)
            || (playerGestureIndex == 1 && computerGestureIndex == 0)
            || (playerGestureIndex == 2 && computerGestureIndex == 1)) { // 玩家胜
        System.out.println("这一局你赢了！");
        playerScore++;        // 玩家得分加 1
    } else {                  // 计算机胜
        System.out.println("这一局计算机赢了！");
        computerScore++;  // 计算机得分加 1
    }
}

// 游戏结束后，根据双方总分打印最终结果
System.out.println("游戏结束，最终结果为：");
if (playerScore > computerScore) {
    System.out.println("你赢了！");
} else if (playerScore < computerScore) {
    System.out.println("计算机赢了！");
} else {
    System.out.println("平局！");
}
    }
}
```

2.4.9 登录/注册系统

文本提示

用 Java 实现一个简单的登录/注册系统，具有登录、注册、查看、退出等功能。

编程思路

（1）导入所需库：导入 java.util.ArrayList 和 java.util.Scanner 库，分别用于存储用户信息和接收用户输入。

（2）定义 LoginSystem 类：创建一个名称为 LoginSystem 的公共类。

（3）编写 main()方法：作为程序的入口。

（4）初始化用户信息容器：创建两个 ArrayList 对象，分别用于存储用户名和密码。

（5）主循环：使用 do...while 循环，循环条件为用户尚未选择退出。

1）提示用户选择功能：输出功能选项列表（登录、注册、查看、退出），让用户输入对应数字（1、2、3、4）。

2）获取用户选择：使用 Scanner 对象的 nextInt()方法接收用户的选择。

3）根据用户的选择执行相应操作：使用 switch 语句根据用户选择的数字执行对应功能。

- 登录功能：提示用户输入用户名和密码，检查用户名是否存在且密码是否正确，根据检查结果输出相应消息。
- 注册功能：提示用户输入新用户名，检查用户名是否已存在，若不存在则让用户输入新密码，将新用户名和新密码添加至系统，并输出注册成功消息。
- 查看功能：遍历用户名和密码列表，输出所有已注册的用户名和密码。
- 退出功能：输出退出消息，满足循环结束条件，跳出循环。

（6）循环结束：程序自动结束。

具体代码及解释如下：

```java
// 导入 ArrayList 类，用于存储用户信息（用户名和密码）
import java.util.ArrayList;

// 导入 Scanner 类，用于从控制台接收用户输入
import java.util.Scanner;

// 定义 LoginSystem 类，包含主方法
public class LoginSystem {
    // 主方法，程序执行的入口
    public static void main(String[] args) {

        // 创建 ArrayList 对象，分别存储用户名和密码
        ArrayList<String> usernames = new ArrayList<>();
        ArrayList<String> passwords = new ArrayList<>();

        // 创建 Scanner 对象，用于读取用户在控制台的输入
        Scanner scanner = new Scanner(System.in);

        // 变量 option 用于保存用户选择的功能选项
```

```java
int option;

// 主循环，直到用户选择退出为止
do {
    // 提示用户选择功能选项
    System.out.println("请选择以下功能：");
    System.out.println("1、登录");
    System.out.println("2、注册");
    System.out.println("3、查看所有用户名和密码");
    System.out.println("4、退出");

    // 读取用户选择的选项
    option = scanner.nextInt();

    // 根据用户选择的选项执行相应操作
    switch (option) {
        case 1:    // 登录功能
            // 提示用户输入用户名和密码
            System.out.print("请输入用户名：");
            String username = scanner.next();
            System.out.print("请输入密码：");
            String password = scanner.next();

            // 判断输入的用户名和密码是否匹配已存储的数据
            if (usernames.contains(username) &&
            passwords.get(usernames.indexOf(username)).equals(password)) {
                // 匹配成功，输出登录成功消息
                System.out.println("登录成功！");
            } else {
                // 匹配失败，输出错误消息
                System.out.println("用户名或密码错误！");
            }
            break;

        case 2:    // 注册功能
            // 提示用户输入新用户名
            System.out.print("请输入用户名：");
            String newUsername = scanner.next();

            // 判断新用户名是否已存在
            if (usernames.contains(newUsername)) {
                // 已存在，输出错误消息
                System.out.println("用户名已存在！");
            } else {
                // 不存在，继续提示用户输入新密码
                System.out.print("请输入密码：");
```

```java
                String newPassword = scanner.next();

                // 将新用户名和新密码添加到存储列表中
                usernames.add(newUsername);
                passwords.add(newPassword);

                // 输出注册成功消息
                System.out.println("注册成功！");
            }
            break;

        case 3:    // 查看功能
            // 输出所有用户名和密码列表
            System.out.println("所有用户名和密码如下：");
            for (int i = 0; i < usernames.size(); i++) {
                System.out.println(usernames.get(i) + " " + passwords.get(i));
            }
            break;

        case 4:    // 退出功能
            // 输出退出消息
            System.out.println("退出系统，谢谢使用！");
            break;

        default:
            // 用户输入的选项不在有效范围内，输出错误提示
            System.out.println("输入错误，请重新输入！");
            break;
        }
    } while (option != 4);    // 继续循环直到用户选择退出（option 为 4）
    }
}
```

第 3 章　基于 AI 的 Java 基础进阶

3.1　字　符　串

Java 中的字符串是一种不可变的字符序列，由 java.lang.String 类来表示。以下是关于 Java 字符串的简要介绍。

1. 基本概念与特性

（1）不可变性：一旦创建，字符串对象的内容就无法改变。这意味着对字符串进行任何操作（如拼接、替换字符等）都会创建一个新的字符串对象，而不是修改原始对象。这种设计有助于提高字符串操作的安全性和效率，特别是在多线程环境中。

（2）对象创建：创建字符串主要有以下几种方式，方式 1 为字面量，即直接使用双引号包围字符序列，如"String str = "Hello, World!";"，这种方式创建的字符串会被编译器优化，如果相同的字面量在程序的不同地方出现，那么它们实际上会共享同一个字符串对象，从而节省内存；方式 2 为构造函数使用 new String()构造器创建，可以接收字符数组、字节数组或其他字符串作为参数。例如：

```
char[] chars = {'H', 'e', 'l', 'l', 'o'};
String str = new String(chars);
```

（3）字符串串联：使用"+"或 StringBuilder/StringBuffer 实例的 append() 方法将多个字符串或文本片段组合成一个新字符串。

（4）内部表示：Java 9 版本之前，字符串在 Java 虚拟机（Java Virtual Machine，JVM）内部使用 UTF-16 编码表示，每个字符占用 2 个字节。这使字符串能够支持广泛的 Unicode 字符集。Java 9 版本及以后，引入了紧凑字符串（Compact Strings）特性，对于仅包含 Latin-1 字符（单字节编码）的字符串，可以在内部使用单字节存储，从而节省内存。

2. 常用方法与操作

（1）访问与查询。

1）length()：返回字符串的字符数。

2）charAt(index)：返回指定索引处的字符。

3）isEmpty()：判断字符串是否为空（长度为 0）。

4）contains/substring/indexOf/lastIndexOf：检查字符串是否包含特定子串、获取子串、查找子串首次/最后一次出现的位置。

（2）修改与操作。注意，由于字符串不可变，因此，这些方法不会直接修改原字符串，而是返回一个新的字符串。

1）concat()：将当前字符串与另一个字符串拼接。

2）replace/replaceAll/replaceFirst：替换字符串中特定字符或符合正则表达式的子串。

3）toLowerCase/toUpperCase：将字符串转换为全小写或全大写。

4）trim()：去除字符串两端的空白字符。

5）split()：根据指定分隔符将字符串分割为子字符串数组。

（3）其他操作。

1）equals()/equalsIgnoreCase()：比较两个字符串是否相等，后者忽略大小写。

2）compareTo()：按照字典顺序比较两个字符串。

3）getBytes()：将字符串编码为字节数组，可指定字符集。

4）intern()：返回字符串在字符串池中的引用（如果不存在，则添加至字符串池）。

3．相关类与接口

（1）java.lang.StringBuilder 和 java.lang.StringBuffer：可变字符序列类，用于高效构建、修改字符串。两者的区别在于 StringBuilder 是非线程安全的，而 StringBuffer 是线程安全的。

（2）java.nio.charset.Charset：表示字符集的类，用于字符编码和解码操作。

4．字符串池

Java 中有一个特殊的内存区域，称为字符串池（String Pool），用于存储字符串字面量和使用 intern()方法添加的字符串。当创建字符串时，如果字符串池中已经存在内容相同的字符串，那么会直接返回字符串池中已有的字符串引用，而不是创建新的对象。这有助于减少内存开销和提高字符串比较的效率。

总之，Java 中的字符串是一种重要的数据类型，提供了丰富的操作方法和优化机制，适用于各种文本处理场景。其具有的不可变性、字符串池和内部表示等特性，对理解和优化程序性能至关重要。下面列举一些字符串应用的案例。

3.1.1　关键词统计

文本提示

用 Java 编写一个程序，实现以下功能：

（1）从控制台接收用户输入的一个关键词。

（2）读取指定文件（如 d:\33.txt）中的文本内容。

（3）计算并输出该关键词在文件文本中出现的次数。

编程思路

（1）导入所需库：导入 java.io.File 和 java.util.Scanner 库，分别用于处理文件路径和读取文件，以及从控制台接收用户输入。

（2）定义 CountKeywordOccurrences 类：创建一个名称为 CountKeywordOccurrences 的公共类。

（3）编写 main()方法。

（4）获取用户输入的关键词：创建 Scanner 对象，从控制台接收用户输入的关键词，并将其存储在 String 变量的 keyword 中。

（5）尝试读取文件并统计关键词出现的次数：使用 try 语句块封装文件读取和统计操作。定义 File 对象，指向待读取的文件路径。创建 Scanner 对象，使用 File Scanner 对象作为构造参数，打开文件并准备读取。初始化空字符串 text，用于存储文件中的全部文本。循环读取文件的每一行，并添加到 text 中，行间以换行符分隔。调用 countOccurrences()方法，传入 text 和 keyword，计算关键词在文本中出现的次数。输出结果为关键词及其在文本中出现的次数。

（6）处理文件读取异常：在 try 语句块外定义 catch 语句块，用于捕获 IOException。在 catch 语句块内输出错误消息，并使用 e.printStackTrace()打印堆栈跟踪，以便于调试。

（7）定义 countOccurrences()方法：定义一个静态方法 countOccurrences()，用于接收两个 String 类型参数，即 text（待搜索的文本）和 keyword（目标关键词）。初始化计数器 count 为 0。使用 indexOf()方法查找关键词在文本中首次出现的位置。当在文本中还有未被计数的关键词出现时，继续循环，若发现一次，则计数器加 1。从上次找到的位置之后继续向下查找。返回计数器的值，即关键词在文本中出现的次数。

具体代码及解释如下：

```java
// 导入 File 类，用于处理文件路径和读取文件
import java.io.File;

// 导入 IOException 类，用于捕获文件读取过程中可能出现的异常
import java.io.IOException;

// 导入 Scanner 类，用于从控制台接收用户输入和从文件中读取文本内容
import java.util.Scanner;

// 定义 CountKeywordOccurrences 类，包含主方法
public class CountKeywordOccurrences {
    // 主方法，程序执行的入口
    public static void main(String[] args) {

        // 创建 Scanner 对象，用于从控制台接收用户输入的关键词
        Scanner scanner = new Scanner(System.in);

        // 提示用户输入关键词并读取
        System.out.print("Enter the keyword: ");
        String keyword = scanner.next();

        // 尝试读取文件并统计关键词出现的次数
        try {
            // 定义要读取的文件路径
            File file = new File("d:\\33.txt");

            // 创建 FileScanner 对象，用于从文件中读取文本内容
            Scanner fileScanner = new Scanner(file);

            // 初始化空字符串 text，用于存储文件中的全部文本
            String text = "";

            // 循环读取文件的每一行，并添加到 text 中，行间以换行符分隔
            while (fileScanner.hasNextLine()) {
                text += fileScanner.nextLine() + "\n";
            }
```

```java
            // 调用 countOccurrences()方法计算关键词在文本中出现的次数
            int count = countOccurrences(text, keyword);

            // 输出结果：关键词及其在文本中出现的次数
            System.out.println("The keyword '" + keyword + "' appears " + count + " times in the text.");
        } catch (IOException e) {
            // 如果在读取文件的过程中发生异常，则输出错误消息并打印堆栈跟踪
            System.out.println("An error occurred while reading the file.");
            e.printStackTrace();
        }
    }

    // 定义静态方法 countOccurrences()，计算给定文本中指定关键词出现的次数
    public static int countOccurrences(String text, String keyword) {

        // 初始化计数器 count 为 0
        int count = 0;

        // 使用 indexOf()方法查找关键词在文本中首次出现的位置
        int index = text.indexOf(keyword);

        // 当在文本中还有未被计数的关键词出现时，继续循环
        while (index != -1) {
            // 发现一次，计数器加 1
            count++;

            // 从上次找到的位置之后继续向下查找
            index = text.indexOf(keyword, index + 1);
        }

        // 返回计数器的值，即关键词在文本中出现的次数
        return count;
    }
}
```

3.1.2 字符串查找——查无此人

🔊 文本提示

编写一个 Java 程序，实现以下功能：

（1）定义一个包含若干个名字的字符串数组。

（2）从控制台接收用户输入的一个名字。

（3）在数组中查找该名字，如果找到，则输出该名字在数组中的位置（从 1 开始计数）；否则输出"查无此人"。

💬 编程思路

（1）导入所需库：导入 java.util.Scanner 库，用于从控制台接收用户输入。

（2）定义 SearchName 类：创建一个名称为 SearchName 的公共类。

（3）编写 main()方法：作为程序的入口。

（4）定义包含名字的数组：声明一个字符串数组 names，并初始化为包含若干个名字的值。

（5）获取用户输入的名字：创建 Scanner 对象，用于从控制台接收用户输入的名字，并将其存储在 String 变量的 name 中。

（6）查找名字在数组中的位置：初始化索引变量 index 为-1，用于记录所找到的名字在数组中的位置。使用 for 循环遍历数组 names，在循环内部使用 equals()方法比较当前元素与用户输入的名字是否相等。若找到匹配的名字，则将当前索引赋值给 index，并使用 break 语句跳出循环，无须继续查找。循环结束后，index 值将反映找到的名字在数组中的位置（-1 表示未找到）。

（7）根据查找结果输出信息：使用 if 语句判断 index 是否仍为初始值-1，即是否未找到名字。若未找到（index == -1），则输出"查无此人"。若找到（index != -1），则输出找到的名字及其在数组中的位置（索引+1 表示从 1 开始计数）。

具体代码及解释如下：

```java
// 导入 Scanner 类，用于从控制台接收用户输入
import java.util.Scanner;

// 定义 SearchName 类，包含主方法
public class SearchName {
    // 主方法，程序执行的入口
    public static void main(String[] args) {

        // 定义一个字符串数组 names，包含一些名字
        String[] names = {"Alice", "G", "Charlie", "David", "Emily", "Frank", "Grace", "Hannah", "Isabel", "John"};

        // 创建 Scanner 对象，用于从控制台接收用户输入的名字
        Scanner scanner = new Scanner(System.in);

        // 提示用户输入的名字并读取
        System.out.print("Enter a name to search for: ");
        String name = scanner.next();

        // 初始化索引变量 index 为-1，用于记录所找到的名字在数组中的位置
        int index = -1;

        // 遍历数组 names，查找与用户输入名字相等的元素
        for (int i = 0; i < names.length; i++) {
            if (names[i].equals(name)) {    // 发现匹配的名字
                index = i;                  // 记录索引位置
                break;                      // 结束循环，无须继续查找
            }
        }
```

```
        // 根据索引变量的值判断是否找到匹配的名字
        if (index == -1) {          // 没有找到匹配的名字
            System.out.println("查无此人");
        } else {                    // 找到了匹配的名字
            // 输出结果：找到的名字及其在数组中的位置（索引+1 表示从 1 开始计数）
            System.out.println(name + " 在数组的第  " + (index+1) + " 个位置");
        }
    }
}
```

3.1.3　字符编码转换

文本提示

编写一个 Java 程序，实现以下功能：

（1）定义一个包含中文和英文的字符串。

（2）将该字符串转换为字节数组（默认使用 UTF-8 编码），并输出转换后的字节数组。

（3）将字节数组转换回字符串（默认使用 UTF-8 编码），并输出转换后的字符串。

（4）将字符串从 GB2312 编码转换为 UTF-8 编码，输出转换后的字节数组。

（5）将字节数组 UTF-8 编码转换为 GB2312 编码，输出转换后的字符串。

编程思路

（1）编写一个公共类。

（2）编写 main()方法。

（3）定义包含中文和英文的字符串。

（4）演示字符串与字节数组之间的转换。

1）字符串转字节数组（UTF-8）：使用 str.getBytes()方法将字符串 str 转换为字节数组，默认使用 UTF-8 编码。使用 Arrays.toString()方法将字节数组转换为便于展示的字符串，并输出。

2）字节数组转字符串（UTF-8）：使用 new String(utf8Bytes)构造方法将上一步得到的字节数组转换回字符串。输出转换后的字符串。

3）字符串编码转换（GB2312→UTF-8）：使用 try 语句块捕获可能出现的 Unsupported EncodingException。使用 str.getBytes("GB2312")将字符串 str 从 GB2312 编码转换为 UTF-8 编码。使用 new String(gb2312Bytes, "GB2312").getBytes("UTF-8")将 GB2312 编码的字节数组转换为 UTF-8 编码的字节数组。使用 Arrays.toString()方法将字节数组转换为便于展示的字符串，并输出。

4）字节数组编码转换（UTF-8→GB2312）：使用 new String(utf8Bytes2,"UTF-8").getBytes ("GB2312")将上一步得到的 UTF-8 编码的字节数组转换回 GB2312 编码的字节数组。使用 new String(gb2312Bytes2,"GB2312")将 GB2312 编码的字节数组转换回字符串。输出转换后的字符串。

具体代码及解释如下：

```
// 导入 UnsupportedEncodingException 异常，用于捕获不支持的字符编码异常
import java.io.UnsupportedEncodingException;
```

```java
// 导入 Arrays 工具类，用于方便地输出字节数组的内容
import java.util.Arrays;

// 定义 StringAndByteArrayConversion 类，包含主方法
public class StringAndByteArrayConversion {
    // 主方法，程序执行的入口
    public static void main(String[] args) {
        // 定义一个包含中文和英文的字符串
        String str = "中国 China";

        // 输出原始字符串
        System.out.println("原始字符串：" + str);

        // 将字符串转换为字节数组（默认使用 UTF-8 编码）
        byte[] utf8Bytes = str.getBytes();

        // 输出被转换为 UTF-8 编码的字节数组（使用 Arrays.toString()方法便于展示）
        System.out.println("被转换为 UTF-8 编码的字节数组：" + Arrays.toString(utf8Bytes));

        // 将字节数组转换回字符串（默认使用 UTF-8 编码）
        String utf8Str = new String(utf8Bytes);

        // 输出从 UTF-8 编码的字节数组中转换回来的字符串
        System.out.println("从 UTF-8 编码的字节数组中转换回来的字符串：" + utf8Str);

        try {
            // 尝试将字符串从 GB2312 编码转换为 UTF-8 编码
            byte[] gb2312Bytes = str.getBytes("GB2312");
            byte[] utf8Bytes2 = new String(gb2312Bytes, "GB2312").getBytes("UTF-8");

            // 输出从 GB2312 编码转换为 UTF-8 编码后的字节数组
            System.out.println("从 GB2312 编码转换为 UTF-8 编码后的字节数组：" + Arrays.toString
(utf8Bytes2));

            // 将字节数组从 UTF-8 编码转换回 GB2312 编码
            byte[] gb2312Bytes2 = new String(utf8Bytes2, "UTF-8").getBytes("GB2312");
            String gb2312Str = new String(gb2312Bytes2, "GB2312");

            // 输出从 UTF-8 编码转换回 GB2312 编码后的字符串
            System.out.println("从 UTF-8 编码转换回 GB2312 编码后的字符串：" + gb2312Str);
        } catch (UnsupportedEncodingException e) {
            // 如果出现不支持的字符编码异常，则输出堆栈跟踪信息
            e.printStackTrace();
        }
    }
}
```

3.1.4　字符拼接

🔷 文本提示

编写一个 Java 程序，对比使用"+"运算符与 StringBuilder 类进行字符串拼接的性能。

🔷 编程思路

（1）编写一个公共类。

（2）定义常量：定义一个常量 BASE_STRING，表示包含中文和英文的基础字符串；定义一个常量 NUM_ITERATIONS，表示字符串拼接的迭代次数。

（3）编写 main()方法。

（4）使用"+"运算符进行字符串拼接并记录耗时：使用 System.currentTimeMillis()获取当前时间（毫秒），记为 start；初始化一个空字符串 result，用于存储拼接结果；循环指定次数（NUM_ITERATIONS），每次将 BASE_STRING 追加到 result 后面；使用 System.currentTimeMillis()再次获取当前时间（毫秒），记为 end；计算并输出使用"+"运算符拼接字符串所花费的时间（end-start）。

（5）使用 StringBuilder 进行字符串拼接并记录耗时：使用 System.currentTimeMillis()获取当前时间（毫秒），记为 start；创建一个 StringBuilder 对象，用于存储拼接结果；循环指定次数（NUM_ITERATIONS），每次将 BASE_STRING 追加到 StringBuilder 对象后面；使用 StringBuilder 对象的 toString()方法获取最终拼接结果；使用 System.currentTimeMillis()再次获取当前时间（毫秒），记为 end；计算并输出使用 StringBuilder 拼接字符串所花费的时间（end-start）。

具体代码及解释如下：

```java
// 定义一个名称为 StringConcatenationPerformance 的公共类
public class StringConcatenationPerformance {

    // 定义一个常量，表示基础字符串，包含中文和英文字符
    private static final String BASE_STRING = "abcdefg 中国";

    // 定义一个常量，表示字符串拼接的迭代次数
    private static final int NUM_ITERATIONS = 10000;

    // 主方法，程序执行的入口
    public static void main(String[] args) {

        // 定义变量 start 和 end 用于记录时间，用于比较不同字符串拼接方式的性能
        long start, end;

        // 使用"+"运算符进行字符串拼接
        start = System.currentTimeMillis();    // 记录当前时间（毫秒）

        // 初始化一个空字符串用于存储拼接结果
        String result = "";
```

```
        // 循环指定次数，每次将基础字符串追加到 result 后面
        for (int i = 0; i < NUM_ITERATIONS; i++) {
            result += BASE_STRING;
        }

        // 记录完成字符串拼接后的当前时间（毫秒）
        end = System.currentTimeMillis();

        // 输出使用 "+" 运算符拼接字符串所花费的时间
        System.out.println("使用+拼接 10000 个字符串的时间：" + (end - start) + "毫秒");

        // 使用 StringBuilder 进行字符串拼接
        start = System.currentTimeMillis();      // 重置并记录当前时间（毫秒）

        // 创建一个 StringBuilder 对象用于存储拼接结果
        StringBuilder stringBuilder = new StringBuilder();

        // 循环指定次数，每次将基础字符串追加到 StringBuilder 对象后面
        for (int i = 0; i < NUM_ITERATIONS; i++) {
            stringBuilder.append(BASE_STRING);
        }

        // 将 StringBuilder 对象转换为字符串，获取最终拼接结果
        String result2 = stringBuilder.toString();

        // 记录完成字符串拼接后的当前时间（毫秒）
        end = System.currentTimeMillis();

        // 输出使用 StringBuilder 拼接字符串所花费的时间
        System.out.println("使用 StringBuilder 拼接 10000 个字符串的时间：" + (end - start) + "毫秒");
    }
}
```

3.1.5　字符切割

📢 **文本提示**

编写一个 Java 程序，对比使用 substring()方法、split()方法与 StringTokenizer 类进行 IP 地址字符串分割的性能。

💬 **编程思路**

（1）编写一个公共类。

（2）定义常量：定义一个常量 BASE_IP，表示基础 IP 地址；定义一个常量 NUM_IPS，表示需要处理的 IP 地址数量。

（3）编写 main()方法。

（4）使用 substring()方法进行 IP 地址字符串分割并记录耗时：使用 System.currentTimeMillis()获取当前时间（毫秒），记为 start；循环指定次数（NUM_IPS），每次构造一个 IP 地址（基于

BASE_IP 加上一个递增的整数）；使用 substring()方法对 IP 地址进行分割，将结果存储在字符串数组中；使用 System.currentTimeMillis()再次获取当前时间（毫秒），记为 end；计算并输出使用 substring()方法分割 IP 地址所花费的时间（end-start）。

（5）使用 split()方法进行 IP 地址字符串分割并记录耗时：使用 System.currentTimeMillis()获取当前时间（毫秒），记为 start；循环指定次数（NUM_IPS），每次构造一个 IP 地址（基于 BASE_IP 加上一个递增的整数）；使用 split()方法对 IP 地址进行分割，将结果存储在字符串数组中；使用 System.currentTimeMillis()再次获取当前时间（毫秒），记为 end；计算并输出使用 split()方法分割 IP 地址所花费的时间（end-start）。

（6）使用 StringTokenizer 类方法进行 IP 地址字符串分割并记录耗时：使用 System.currentTimeMillis()获取当前时间（毫秒），记为 start；循环指定次数（NUM_IPS），每次构造一个 IP 地址（基于 BASE_IP 加上一个递增的整数）；创建一个 StringTokenizer 对象，使用点号作为分隔符，对 IP 地址进行分割；将分割结果存储在字符串数组中；使用 System.currentTimeMillis()再次获取当前时间（毫秒），记为 end；计算并输出使用 StringTokenizer 类分割 IP 地址所花费的时间（end-start）。

具体代码及解释如下：

```java
// 导入 java.util.StringTokenizer 类，用于字符串的分割
import java.util.StringTokenizer;

// 定义一个名称为 IPStringSplitPerformance 的公共类
public class IPStringSplitPerformance {

    // 定义一个常量，表示基础 IP 地址
    private static final String BASE_IP = "192.168.0.1";

    // 定义一个常量，表示要处理的 IP 地址数量
    private static final int NUM_IPS = 100000;

    // 主方法，程序执行的入口
    public static void main(String[] args) {

        // 定义变量 start 和 end 用于记录时间，用于比较不同字符串分割方式的性能
        long start, end;

        // 使用 substring()方法进行字符串分割
        start = System.currentTimeMillis();       // 记录当前时间（毫秒）

        // 循环指定次数，模拟处理多个 IP 地址
        for (int i = 0; i < NUM_IPS; i++) {
            // 构造一个 IP 地址（基于基础 IP 地址，加上一个递增的整数）
            String ip = BASE_IP + i;

            // 创建一个长度为 4 的字符串数组，用于存放被分割后的 IP 地址各部分
            String[] parts = new String[4];
```

```java
        // 初始化索引变量和上一个 "." 的位置
        int index = 0;
        int lastIndex = -1;

        // 循环 3 次，依次找出 IP 地址中前 3 个 "." 的位置，并分割出对应的部分
        for (int j = 0; j < 3; j++) {
            int dotIndex = ip.indexOf(".", lastIndex + 1);          // 查找下一个 "." 的位置
            parts[index++] = ip.substring(lastIndex + 1, dotIndex);  // 分割出部分 IP 地址并存入数组
            lastIndex = dotIndex;                                     // 更新上一个 "." 的位置
        }

        // 分割出最后一个部分 IP 地址并存入数组
        parts[index] = ip.substring(lastIndex + 1);
    }

    // 记录完成字符串分割后的当前时间（毫秒）
    end = System.currentTimeMillis();

    // 输出使用 substring() 方法分割字符串所花费的时间
    System.out.println("使用 substring() 方法分割 10000 个 IP 地址的时间: " + (end - start) + "毫秒");

    // 使用 split() 方法进行字符串分割
    start = System.currentTimeMillis();          // 重置并记录当前时间（毫秒）

    // 循环指定次数，模拟处理多个 IP 地址
    for (int i = 0; i < NUM_IPS; i++) {
        // 构造一个 IP 地址（基于基础 IP 地址，加上一个递增的整数）
        String ip = BASE_IP + i;

        // 使用 split 方法直接分割 IP 地址，返回一个字符串数组
        String[] parts = ip.split("\\.");        // 注意使用双反斜杠转义点号
    }

    // 记录完成字符串分割后的当前时间（毫秒）
    end = System.currentTimeMillis();

    // 输出使用 split() 方法分割字符串所花费的时间
    System.out.println("使用 split() 方法分割 10000 个 IP 地址的时间: " + (end - start) + "毫秒");

    // 使用 StringTokenizer 类进行字符串分割
    start = System.currentTimeMillis();          // 重置并记录当前时间（毫秒）

    // 循环指定次数，模拟处理多个 IP 地址
    for (int i = 0; i < NUM_IPS; i++) {
        // 构造一个 IP 地址（基于基础 IP 地址，加上一个递增的整数）
        String ip = BASE_IP + i;
```

```
// 创建一个 StringTokenizer 对象，使用点号作为分隔符
StringTokenizer tokenizer = new StringTokenizer(ip, ".");

// 创建一个长度为 4 的字符串数组，用于存放被分割后的 IP 地址各部分
String[] parts = new String[4];

// 初始化索引变量
int index = 0;

// 使用 hasMoreTokens()和 nextToken()方法依次取出被分割后的 IP 地址各部分并存入数组
while (tokenizer.hasMoreTokens()) {
    parts[index++] = tokenizer.nextToken();
}
}

// 记录完成字符串分割后的当前时间（毫秒）
end = System.currentTimeMillis();

// 输出使用 StringTokenizer 类分割字符串所花费的时间
System.out.println("使用 StringTokenizer 类分割 10000 个 IP 地址的时间: " + (end - start) + "毫秒");
}
}
```

3.2 异常处理

Java 中的异常处理机制是一种用于应对程序运行时错误的方法，它允许程序在遭遇预期或非预期的异常情况时，进行错误处理、恢复或失败报告，而不是立即崩溃。以下是 Java 异常处理的主要特点和组成部分的简要总结。

1. 异常分类

（1）CheckedExceptions（编译时异常）：这些异常在编译阶段就需要被处理或声明抛出，如 IOException、SQLException 等，通常代表程序运行过程中可能出现的、可以预见且应当被程序逻辑妥善处理的异常情况。

（2）UncheckedExceptions（运行时异常）：包括 RuntimeException 及其子类，如 NullPointerException、IllegalArgumentException、ArrayIndexOutOfBoundsException 等。这些异常在编译时不需要显式处理，但在程序运行时如果不捕获则可能导致程序中断。它们通常源于编程错误、逻辑错误或违反了语言规范。

2. 异常类层次结构

所有异常类均继承自 java.lang.Throwable 类，它有两个直接子类：Exception，即大多数异常类的基类，包括 checked 和 unchecked 异常；Error 表示 JVM 自身或系统级问题，如 VirtualMachineError、OutOfMemoryError 等，通常不建议在程序中捕获和处理，因为它们通常表示严重的系统故障，无法通过常规手段修复。

3. 异常处理关键字与结构

（1）try-catch-finally：异常处理的基本结构。将可能抛出异常的代码块放在 try 语句块内，对应的 catch 语句块捕获特定类型的异常并进行处理，finally 语句块（可选）包含无论是否发生异常都应执行的清理代码（如资源关闭）。

（2）throw：在方法内部手动抛出一个异常对象，用于指示当前方法不能正常完成其任务。

（3）throws：在方法签名中声明该方法可能抛出的 checked 异常列表，将异常处理责任转移给调用者。

4. 异常处理最佳实践与技巧

（1）抛出合适的异常：根据具体情况选择或自定义异常类，确保抛出的异常能够准确反映问题性质。

（2）适当使用 try-catch-finally：避免过度捕获，只捕获能有效处理的异常；合理利用 finally 语句块确保资源能够被释放。

（3）使用异常链：当一个异常引发另一个异常时，通过 Throwable.initCause() 或 thrownewException(oldException) 将原异常作为新异常的原因，帮助追踪问题源头。

（4）自定义异常：对于特定业务场景，创建具有针对性的异常类，提供丰富的错误信息和上下文，便于调试和诊断。

（5）良好的日志记录：在处理异常时，记录详细的异常信息（如异常类型、消息、堆栈跟踪等）和发生时间，有助于事后分析和问题排查。

综上所述，Java 的异常处理机制通过提供一套严谨的语法结构和丰富的异常类库，帮助开发者编写健壮、可维护的代码，确保在面对运行错误时，程序能够进行适当的响应，而非直接崩溃，从而提升软件的稳定性和用户体验。

下面是与异常相关的例子。

3.2.1　用 try-catch 结构处理异常

文本提示

编写一个 Java 程序，使用 try-catch 结构处理可能发生的异常。

编程思路

（1）定义并初始化两个整数变量 a（值为 10）和 b（值为 0）。

（2）用 a 除以 b，由于 b 为 0，因此此处将抛出 ArithmeticException。

（3）使用 try-catch 结构捕获并处理该异常。在 catch 语句块中，打印捕获到的异常信息。

（4）在成功处理异常后，打印一个由星号组成的分隔符。

具体代码及解释如下：

```java
// 定义一个名称为 Example1 的公共类
public class Example1 {

    // 主方法，程序执行的入口
    public static void main(String[] args) {

        // 使用 try-catch 结构捕获可能发生的异常
        try {
```

```
        // 定义并初始化整数变量 a 和 b
        int a = 10;
        int b = 0;

        // 尝试进行除法运算，由于 b 为 0，因此此处将抛出 ArithmeticException
        int c = a / b;   // 试图除以 0，将抛出异常

        // 若无异常发生，则将打印除法运算结果
        System.out.println("结果为：" + c);
    } catch (Exception ex) {        // 捕获任何类型的异常
        // 当捕获到异常时，打印异常信息
        System.out.println("出现异常：" + ex.getMessage());
    }

    // 打印分隔符，用于区分异常处理前后的内容
    System.out.println("*************");
    }
}
```

3.2.2　用 try-catch 结构处理可能发生的多个异常

⊙ 文本提示

编写一个 Java 程序，使用 try-catch 结构捕获并处理可能发生的多个异常。

程序应实现以下功能：

（1）定义并初始化一个空字符串引用 s。

（2）尝试对空字符串引用调用 length()方法，由于 s 为空，故此处将抛出 NullPointerException。

（3）使用 try-catch 结构捕获并处理异常，分别为 NullPointerException、ArithmeticException 和其他所有未被前面捕获的异常定义单独的 catch 语句块，在每个 catch 语句块中，打印捕获到的相应类型的异常信息。

⊙ 编程思路

（1）定义类与主方法：在类中定义 main()方法作为程序的入口。

（2）准备引发异常的操作：在 main()方法内部，定义一个 String 类型的变量 s 并将其初始化为 null。接下来，尝试调用 s.length()方法。由于 s 是一个空字符串引用，故此操作将触发 NullPointerException。

（3）设计异常处理结构：使用 try-catch 结构包裹可能会引发异常的代码块，以便捕获并处理异常。根据预期可能遇到的异常类型，为不同类型的异常定义相应的 catch 子句。

1）catch(NullPointerExceptionex)：专门捕获 NullPointerException，打印异常信息。

2）catch(ArithmeticExceptionex)：虽然本例中不会实际触发 ArithmeticException，但仍然为其设立一条 catch 子句，以展示多类型异常捕获的结构。然后打印异常信息。

3）catch(Exceptionex)：设置一条通用的 catch 子句，用于捕获所有未被前面特定 catch 子句处理的其他异常。然后打印异常信息。

具体代码及解释如下：

```java
// 定义一个名称为 Example2 的公共类
public class Example2 {

    // 主方法，程序执行的入口
    public static void main(String[] args) {

        // 使用 try-catch 结构捕获可能发生的异常
        try {
            // 定义并初始化一个空字符串引用 s
            String s = null;

            // 尝试对空字符串引用调用 length()方法，此处将抛出 NullPointerException
            System.out.println(s.length());        // 试图对空字符串引用调用方法，将抛出异常
        } catch (NullPointerException ex) {        // 捕获 NullPointerException
            // 当捕获到 NullPointerException 时，打印异常信息
            System.out.println("空字符串引用异常: " + ex.getMessage());
        } catch (ArithmeticException ex) {        // 捕获 ArithmeticException
            // 当捕获到 ArithmeticException 时，打印异常信息
            System.out.println("算术异常: " + ex.getMessage());
        } catch (Exception ex) {                    // 最后捕获所有未被前面 catch 语句块处理的其他异常
            // 当捕获到其他异常时，打印异常信息
            System.out.println("其他异常: " + ex.getMessage());
        }
    }
}
```

该示例代码的主要目的是演示如何使用 try-catch 结构捕获并处理不同类型的异常。尽管实际代码中仅会触发 NullPointerException，但通过设立多条 catch 子句，展示了如何针对不同类型的异常采取不同的处理策略。同时，通用的 catch 子句确保了即使遇到未预期的其他异常类型，也能进行基本的捕获和信息打印，避免程序直接终止。

3.2.3 throws 的使用

📢 文本提示

编写一个 Java 程序，使用 try-catch 结构处理 start()方法可能抛出的异常。

程序应实现以下功能：

（1）定义一个名称为 Example3 的公共类，包含一个 start()方法。该方法执行除法运算，但由于除数为 0，所以将抛出 ArithmeticException。

（2）在 Example3 类的 main()方法中，创建 Example3 类的实例并调用其 start()方法。

（3）使用 try-catch 结构捕获 start()方法抛出的所有类型的异常。当捕获到异常时，打印异常的堆栈跟踪信息。

😃 编程思路

（1）定义类与主方法。

（2）定义并实现 start()方法：在 Example3 类中定义一个名称为 start 的方法，该方法声明抛出 ArithmeticException。在 start()方法内部，定义并初始化两个整数变量 a（值为 10）和 b

（值为 0）。尝试进行除法运算 a/b，由于 b 为 0，故此处将抛出 ArithmeticException。若无异常发生，则打印除法运算结果。

（3）设计异常处理结构：在 main()方法内部，使用 try-catch 结构包裹调用 start()方法的代码块，以便捕获并处理异常。设置一条通用的 catch 子句，捕获所有类型的异常（即 Exceptione）。当捕获到异常时，打印异常的堆栈跟踪信息。

具体代码及解释如下：

```java
// 定义一个名称为 Example3 的公共类
public class Example3 {

    // 主方法，程序执行的入口
    public static void main(String[] args) {

        // 使用 try-catch 结构捕获可能发生的异常
        try {
            // 创建 Example3 类的实例，并调用其 start()方法
            new Example3().start();
        } catch (Exception e) {     // 捕获所有类型的异常
            // 当捕获到异常时，打印异常的堆栈跟踪信息
            e.printStackTrace();
        }
    }

    // 定义一个名称为 start 的方法，该方法声明抛出 ArithmeticException
    public void start() throws ArithmeticException {

        // 定义并初始化整数变量 a 和 b
        int a = 10;
        int b = 0;

        // 尝试进行除法运算，由于 b 为 0，故此处将抛出 ArithmeticException
        int c = a / b;

        // 若无异常发生，则将打印除法运算结果
        System.out.println("结果为：" + c);
    }
}
```

3.2.4 throw 及自定义异常类的使用

✎ 文本提示

编写一个 Java 程序，使用 try-catch 结构处理自定义异常 InvalidAgeException。

程序应实现以下功能：

（1）定义一个公共类，包含一个 main()方法。

（2）在 main()方法中，定义并初始化一个整数变量 age（值为 150）。

（3）判断 age 是否在有效范围内（0~120）。若不在有效范围内，则抛出自定义异常

InvalidAgeException，并附带消息"年龄不合法"。

（4）使用 try-catch 结构捕获可能抛出的 InvalidAgeException，当捕获到异常时，打印异常信息。

（5）定义一个名称为 InvalidAgeException 的自定义异常类，继承自 Exception 类，该类有一个构造方法，用于接收一个字符串参数，传递异常信息。

◉ 编程思路

（1）定义类与主方法：定义一个名称为 Example4 的公共类；在类中定义 main()方法作为程序的入口。

（2）定义变量与有效性判断：在 main()方法内部，定义并初始化一个整数变量 age（值为 150）；判断 age 是否在有效范围内（0～120）。若不在有效范围内，则抛出自定义异常 InvalidAgeException，并附带消息"年龄不合法"。

（3）设计异常处理结构：使用 try-catch 结构包裹可能会引发异常的代码块，以便捕获并处理 InvalidAgeException；在 catch 语句块中，打印捕获到的异常信息。

（4）定义自定义异常类：定义一个名称为 InvalidAgeException 的异常类，继承自 Exception 类；为 InvalidAgeException 类提供一个构造方法，用于接收一个字符串参数，传递异常信息；在构造方法内部，调用父类 Exception 的构造方法，传入该字符串参数。

具体代码及解释如下：

```java
// 定义一个名称为 Example4 的公共类
public class Example4 {

    // 主方法，程序执行的入口
    public static void main(String[] args) {

        // 使用 try-catch 结构捕获可能发生的异常
        try {
            // 定义并初始化整数变量 age，赋值为 150
            int age = 150;

            // 判断 age 是否在有效范围内（0～120），若不在则抛出自定义异常
            if (age < 0 || age > 120) {
                throw new InvalidAgeException("年龄不合法");  // 抛出自定义异常
            }

            // 若无异常发生，则打印 age 的值
            System.out.println("年龄为：" + age);
        } catch (InvalidAgeException ex) {       // 捕获自定义的 InvalidAgeException
            // 当捕获到异常时，打印异常信息
            System.out.println("出现异常：" + ex.getMessage());
        }
    }
}

// 定义一个名称为 InvalidAgeException 的异常类，继承自 Exception 类
```

```
class InvalidAgeException extends Exception {

    // 构造方法，用于接收一个字符串参数 message，传递异常信息
    public InvalidAgeException(String message) {
        super(message);   // 调用父类 Exception 的构造方法，传入 message 参数
    }
}
```

3.3 JDBC

JDBC（Java Database Connectivity）是 Java 平台上用于与关系数据库进行交互的标准应用程序接口（Application Program Interface，API）。它是 Java 中访问数据库的核心工具，为开发人员提供了一套统一规范的方法来连接数据库、执行 SQL 查询（SQL 为 Structured Query Language 的缩写，为结构化查询语言）和更新操作、处理结果集以及管理事务。以下是 JDBC 的简要概述。

1. 目的与作用

JDBC 提供了一种与数据库无关的编程模型，允许 Java 应用程序在不考虑底层数据库具体实现细节的情况下，与多种关系数据库（如 Oracle、MySQL、SQLServer、PostgreSQL 等）进行交互。它旨在简化数据库访问过程，使开发者能够专注于业务逻辑的编写，而不必关注不同数据库系统的特定连接协议或 SQL 实现差异。

2. 核心组件

（1）Driver Manager：JDBC 的核心管理类，负责加载并管理数据库驱动程序。应用程序通过调用 Class.forName() 注册数据库驱动或使用服务加载机制自动发现驱动，然后通过 DriverManager.getConnection() 方法获取与数据库的连接。

（2）Connection：表示到数据库的物理连接，是所有数据库操作的基础。通过 Connection 对象，可以创建 Statement、PreparedStatement 或 CallableStatement 对象来执行 SQL 命令，以及管理事务。

（3）Statement：用于执行不带参数的简单 SQL 查询或更新语句，包括 executeQuery()（用于 SELECT 查询）、executeUpdate()（用于 INSERT、UPDATE、DELETE 等操作）等方法。

（4）PreparedStatement：与 Statement 相似，但允许预编译带有占位符（参数标记）的 SQL 语句。通过 set 方法设置参数值，提高执行效率、防止 SQL 注入攻击，并支持批量操作。

（5）CallableStatement：用于执行存储过程（Procedure）和函数（Function），允许设置 IN、OUT 或 INOUT 参数。

（6）ResultSet：结果集对象，表示 SQL 查询返回的数据。通过 next() 方法遍历结果行，使用 get 方法获取列值。

3. 工作流程

（1）加载驱动：需要在程序中加载特定数据库的 JDBC 驱动（通常通过 Class.forName() 或服务加载机制）。

（2）建立连接：使用 DriverManager.getConnection() 方法，传入数据库统一资源定位符（Uniform Resource Locator，URL）、用户名和密码，获取到一个 Connection 对象。

（3）创建语句：根据需要，通过 Connection 对象创建 Statement、PreparedStatement 或 CallableStatement。

（4）执行 SQL：调用语句对象的 executeQuery()、executeUpdate()或 execute()方法执行 SQL 语句。

（5）处理结果：对于查询操作，通过 ResultSet 对象遍历和访问查询结果；对于更新操作，检查 executeUpdate()返回的受影响的行数或其他相关信息。

（6）关闭资源：使用完毕后，按照 ResultSet→Statement→Connection 的顺序关闭所有数据库资源，释放系统资源。

4．扩展功能

（1）元数据（Metadata）：JDBC 提供了获取数据库、表、列等元数据信息的接口，有助于了解数据库结构和动态生成 SQL。

（2）批处理：PreparedStatement 支持批量执行同类型的 SQL 语句，提高数据插入等操作的效率。

（3）数据库事务：Connection 对象提供了 commit()、rollback()和 setAutoCommit()等方法，用于管理和控制事务的提交、回滚及自动提交模式。

总的来说，JDBC 是 Java 开发者进行数据库操作的标准工具，它提供了一套标准接口，使应用程序可以灵活、高效地与多种关系数据库进行交互，实现了跨数据库平台的兼容性和代码复用性。虽然现代 Java 开发中常使用对象关系映射（Object Relational Mapping，ORM）框架（如 Hibernate、JPA 等）进一步简化数据库操作，但这些框架底层依然依赖 JDBC API。下面是对数据库的基本操作及与数据库相关的案例。

3.3.1 数据库的基本操作

1．数据库建表

此部分内容由于涉及的数据库不同，建表过程不同，因此应具体根据所选用的数据库来确定采用哪种建表方式，此处不赘述，这属于数据库课程的相关内容。

2．添加数据

🔊 文本提示

编写一个 Java 程序，实现以下功能：

（1）连接到本地 MySQL 数据库（端口为 3306），数据库名为 test01，用户名为 root，密码为 root123，且不使用 SSL 加密。

（2）使用 JDBC API 创建一个名称为 Student 的表（假设该表已经存在），其包含以下字段：

id（整型，主键）

name（字符串类型）

course（字符串类型）

grade（整型）

（3）在 Student 表中插入 500 条测试数据。插入的数据应遵循以下规则：

1）id 从 1 开始递增至 500。

2）name 以字符串 Student 开头，后跟对应的 id 值。

3）course 以字符串 Course 开头，后跟 id 除以 5 取余数得到的数字（范围为 0～4）。

4) grade 为一个随机整数, 范围为 0~100 (包括两端点)。

(4) 在程序执行过程中捕获并处理可能出现的异常。

(5) 程序被成功执行后, 在控制台输出 "500 rows added to table Student." 以确认数据插入完成。

💬 编程思路

(1) 导入所需库: 导入 java.sql 包, 它包含了与数据库交互所需的 JDBC API 类。

(2) 定义主类: 创建一个名称为 AddTestData 的公共类, 并在其内部编写 main()方法作为程序的入口。

(3) 设置数据库连接信息。

1) 定义字符串变量 url, 用于存储数据库连接的 URL。URL 包含了数据库服务器地址、端口、数据库名及连接参数 (如关闭 SSL 加密)。

2) 定义字符串变量 username 和 password, 分别存储数据库的用户名和密码。

(4) 加载数据库驱动: 使用 Class.forName()方法动态加载 MySQL JDBC 驱动。这一步是 JDBC 连接数据库的前提, 若驱动加载失败, 则会抛出 ClassNotFoundException。

(5) 建立数据库连接: 使用 DriverManager.getConnection()方法, 传入之前定义的 url、username 和 password, 获取与数据库的连接对象 Connection。此处使用了 try-with-resources 语句, 确保在程序执行完毕后自动关闭连接, 防止资源泄漏。

(6) 创建 Statement 对象: 调用 Connection 对象的 createStatement()方法, 创建一个 Statement 实例, 用于执行 SQL 语句。

(7) 循环插入数据。

1) 使用 for 循环, 从 1 迭代到 500, 模拟插入 500 条测试数据。

2) 在每次循环中, 计算并赋值给 id、name、course 和 grade 变量, 根据题目要求生成相应的数据。

3) 构造 INSERT SQL 语句, 将各字段的值插入 Student 表。注意使用字符串拼接的方式组合 SQL 语句, 确保值被正确地包含在引号内。

4) 调用 Statement 对象的 executeUpdate()方法执行 SQL 语句, 插入一条记录。

(8) 异常处理: 在 try-catch 结构中捕获可能抛出的 SQLException, 当出现数据库操作错误时, 打印堆栈跟踪以帮助调试。

(9) 输出提示信息: 当所有数据插入成功后, 在控制台输出 "500 rows added to table Student.", 表明程序已按预期完成数据插入任务。

具体代码及解释如下:

```
// 导入需要的包, 这里使用了 JDBC API 来操作数据库
import java.sql.*;

// 定义名称为 AddTestData 的公共类
public class AddTestData {

    // 定义主方法作为程序入口
    public static void main(String[] args) {
```

```java
// 设置数据库连接 URL，指定了本地 MySQL 服务器（端口为 3306），数据库名为 test01，
// 并关闭 SSL 加密
String url = "jdbc:mysql://localhost:3306/test01?useSSL=false";

// 设置数据库的用户名和密码
String username = "root";
String password = "root123";

// 尝试加载 MySQL JDBC 驱动，如果加载失败则抛出 ClassNotFoundException
try {
    Class.forName("com.mysql.jdbc.Driver");
} catch (ClassNotFoundException e1) {
    e1.printStackTrace();
}

// 使用 try-with-resources 语句自动管理 Connection 对象的生命周期，避免资源泄露
try (
        // 建立到数据库的连接，使用指定的 URL、用户名和密码
        Connection conn = DriverManager.getConnection(url, username, password)) {

    // 创建一个 Statement 对象，用于执行 SQL 语句
    Statement stmt = conn.createStatement();

    // 循环 500 次，模拟插入 500 条测试数据
    for (int i = 1; i <= 500; i++) {
        // 定义每条记录的字段值：id、name、course、grade
        int id = i;
        String name = "Student" + i;
        String course = "Course" + i % 5;
        int grade = (int) Math.random() * 100;

        // 构建 INSERT SQL 语句，将各字段的值插入 Student 表
        String sql = "INSERT INTO Student (id,name, course, grade) " +
                    "VALUES ("+id+",'" + name + "', '" + course + "', " + grade + ")";

        // 执行 SQL 语句，插入一条记录
        stmt.executeUpdate(sql);
    }

    // 输出提示信息，表示已成功向 Student 表中添加了 500 行数据
    System.out.println("500 rows added to table Student.");
} catch (SQLException e) {
    // 捕获并打印 SQL 异常的详细信息
    e.printStackTrace();
}
    }
}
```

3. 更新数据

文本提示

编写一个 Java 程序，实现以下功能：

（1）连接到本地 MySQL 数据库（端口为 3306），数据库名为 test01，用户名为 root，密码为 root123，且不使用 SSL 加密。

（2）假设数据库中有一张名称为 Student 的表，其中包含 id（整型，主键）、photo（BLOB 类型）等字段。

（3）读取指定路径（d:\imgs\1.jpg）下的一个图片文件，将其作为二进制数据更新到 Student 表中所有学生的 photo 字段。图片应依次更新 ID 为 1~500 的学生记录。

（4）在程序执行过程中捕获并处理可能出现的异常。

（5）程序成功执行后，在控制台输出"Student photos updated."以确认数据更新完成。

编程思路

（1）导入所需库：导入 java.io 包，用于文件 IO 操作；导入 java.sql 包，包含与数据库交互所需的 JDBC API 类。

（2）定义主类：创建一个名称为 UpdateStudentPhoto 的公共类，并在其内部编写 main() 方法作为程序的入口。

（3）设置数据库连接信息。

1）定义字符串变量 databaseUrl，用于存储数据库连接的 URL。URL 包含了数据库服务器地址、端口、数据库名及连接参数（如关闭 SSL 加密）。

2）定义字符串变量 username 和 password，分别存储数据库的用户名和密码。

（4）设置图片文件路径：定义字符串变量 imagePath，存储待更新至学生表的图片文件路径。

（5）初始化变量：创建 Connection、PreparedStatement 和 FileInputStream 类型的变量，并初始化为 null，稍后用于数据库连接、执行预编译 SQL 语句和读取图片文件。

（6）加载数据库驱动：使用 Class.forName() 方法动态加载 MySQL JDBC 驱动。这一步是 JDBC 连接数据库的前提，若驱动加载失败，则会抛出 ClassNotFoundException。

（7）建立数据库连接：使用 DriverManager.getConnection() 方法，传入之前定义的 databaseUrl、username 和 password，获取与数据库的连接对象 Connection。

（8）准备 SQL 更新语句。

1）定义一个字符串 sql，内容为更新 Student 表中 photo 字段的 SQL 语句，使用占位符（?）表示参数。

2）调用 Connection 对象的 prepareStatement() 方法，传入 sql 字符串，创建一个 PreparedStatement 实例。

（9）读取图片文件。

1）使用 File() 构造函数创建一个代表图片文件的对象。

2）调用 FileInputStream() 构造函数，传入图片文件对象，创建一个 FileInputStream 实例，用于读取图片的二进制数据。

（10）循环更新数据。

1）使用 for 循环，从 1 迭代到 500，依次更新每个学生记录的 photo 字段。

2）在每次循环中，调用 PreparedStatement 对象的 setBinaryStream()方法，将图片文件输入流设置为第一个参数（对应 photo 字段），并传递图片文件长度作为第二个参数。

3）调用 setInt()方法，设置第二个参数（对应 WHERE 子句中的 id），指定要更新的学生记录 ID。

4）调用 executeUpdate()方法执行 SQL 语句，更新一条记录。

5）关闭当前图片文件输入流，重新打开以准备更新下一条学生记录。

（11）关闭资源：在循环结束后，关闭 PreparedStatement 和 FileInputStream，释放系统资源。

（12）异常处理：在 try-catch 结构中捕获可能抛出的异常，当出现数据库操作或文件读取错误时，打印错误信息以帮助调试。

（13）输出提示信息：当所有学生照片更新成功后，在控制台输出"Student photos updated."，表明程序已按预期完成数据更新任务。

具体代码及解释如下：

```java
// 导入必要的库，用于文件 IO 操作、SQL 操作及 JDBC 驱动
import java.io.*;
import java.sql.*;

// 定义主类，用于更新学生照片
public class UpdateStudentPhoto {

    public static void main(String[] args) {
        // 声明并初始化变量，分别用于存储图片路径、数据库连接信息
        String imagePath = "d:\\imgs\\1.jpg";
        String databaseUrl = "jdbc:mysql://localhost:3306/test01?useSSL=false";
        String username = "root";
        String password = "root123";

        // 初始化数据库连接、预编译语句及文件输入流对象为 null
        Connection conn = null;
        PreparedStatement stmt = null;
        FileInputStream fis = null;

        try {
            // 加载 MySQL JDBC 驱动
            Class.forName("com.mysql.jdbc.Driver");

            // 获取与数据库的连接
            conn = DriverManager.getConnection(databaseUrl, username, password);

            // 准备更新学生表中照片列的 SQL 语句，使用占位符（?）表示参数
            String sql = "UPDATE Student SET photo=? WHERE id=?";
            stmt = conn.prepareStatement(sql);

            // 加载图片文件
```

```
            File imageFile = new File(imagePath);
            fis = new FileInputStream(imageFile);

            // 遍历学生 ID（1～500），为每个学生更新照片
            for (int i = 1; i <= 500; i++) {
                // 设置 BLOB 参数，对应于 SQL 语句中的第一个问号（?），即照片列
                stmt.setBinaryStream(1, fis, (int) imageFile.length());
                stmt.setInt(2, i);      // 更新 ID 为 i 的学生的照片
                stmt.executeUpdate();

                // 关闭当前文件输入流，准备为下一个学生更新照片
                fis.close();
                fis = new FileInputStream(imageFile);
            }

            // 关闭预编译语句和文件输入流
            stmt.close();
            fis.close();
        } catch (Exception ex) {
            // 输出错误信息
            System.out.println("Error: " + ex.getMessage());
        } finally {
            // 确保数据库连接在最后被关闭
            if (conn != null) {
                try {
                    conn.close();
                } catch (SQLException ex) {
                    // 输出关闭连接时产生的错误信息
                    System.out.println("Error: " + ex.getMessage());
                }
            }
        }
    }
}
```

4. 查询数据

👉 文本提示

编写一个 Java 程序，实现以下功能：

（1）连接到本地 MySQL 数据库（端口为 3306），数据库名为 test01，用户名为 root，密码为 root123，且不使用 SSL 加密。

（2）假设数据库中有一张名称为 Student 的表，其中包含 id（整型，主键）、photo（BLOB 类型）等字段。

（3）从 Student 表中检索 ID 为 30 的学生的照片，并将其保存到指定路径（d:\imgs\33.jpg）下的文件中。

（4）在程序执行过程中捕获并处理可能出现的异常。

（5）程序成功执行后，在控制台输出"Student photo retrieved and saved."以确认数据检索与保存完成。

编程思路

（1）导入所需库：导入 java.io 包，用于文件 IO 操作；导入 java.sql 包，包含与数据库交互所需的 JDBC API 类。

（2）定义主类：创建一个名称为 RetrieveStudentPhoto 的公共类，并在其内部编写 main() 方法作为程序的入口。

（3）设置数据库连接信息。

1）定义字符串变量 databaseUrl，用于存储数据库连接的 URL。URL 包含了数据库服务器地址、端口、数据库名及连接参数（如关闭 SSL 加密）。

2）定义字符串变量 username 和 password，分别存储数据库的用户名和密码。

（4）设置图片保存路径：定义字符串变量 imagePath，存储待保存学生照片的文件路径。

（5）初始化变量：创建 Connection、PreparedStatement、FileOutputStream、ResultSet 类型的变量，并初始化为 null，稍后用于数据库连接、执行预编译 SQL 语句、保存图片文件和存储查询结果。

（6）加载数据库驱动：使用 Class.forName() 方法动态加载 MySQL JDBC 驱动。这一步是 JDBC 连接数据库的前提，若驱动加载失败，则会抛出 ClassNotFoundException。

（7）建立数据库连接：使用 DriverManager.getConnection() 方法，传入之前定义的 databaseUrl、username 和 password，获取与数据库的连接对象 Connection。

（8）准备 SQL 查询语句。

1）定义一个字符串 sql，内容为从 Student 表中检索 photo 字段的 SQL 语句，使用占位符（?）表示参数。

2）调用 Connection 对象的 prepareStatement() 方法，传入 sql 字符串，创建一个 PreparedStatement 实例。

3）调用 setInt() 方法，设置参数（对应 WHERE 子句中的 id），指定要检索的学生记录 ID。

（9）执行查询并获取照片数据。

1）调用 PreparedStatement 对象的 executeQuery() 方法执行 SQL 语句，获取一个 ResultSet 实例。

2）检查结果集中是否包含数据，若包含，则进行后续操作。

3）从结果集中获取 BLOB 类型的数据，即照片，并创建一个 InputStream 用于读取 BLOB 数据。

（10）保存照片到文件。

1）使用 File() 构造函数创建一个代表图片文件的对象。

2）调用 FileOutputStream() 构造函数，传入图片文件对象，创建一个 FileOutputStream 实例，用于保存图片的二进制数据。

3）创建一个缓冲区，用于批量读写数据。

4）循环读取 BLOB 数据，每次读取一部分到缓冲区，然后将缓冲区内容写入文件，直到读取完毕。

（11）关闭资源：在照片保存完成后，关闭 ResultSet、PreparedStatement、FileOutputStream，

释放系统资源。

（12）异常处理：在 try-catch 结构中捕获可能抛出的异常，当出现数据库操作或文件读写错误时，打印错误信息以帮助调试。

（13）输出提示信息：当学生照片成功检索并保存后，在控制台输出"Student photo retrieved and saved."，表明程序已按预期完成数据检索与保存任务。

具体代码及解释如下：

```java
// 导入必要的库，用于文件 IO 操作、SQL 操作及 JDBC 驱动
import java.io.*;
import java.sql.*;

// 定义主类，用于检索并保存学生照片到指定文件
public class RetrieveStudentPhoto {

    public static void main(String[] args) {
        // 声明并初始化变量，分别用于存储图片保存路径、数据库连接信息
        String imagePath = "d:\\imgs\\33.jpg";
        String databaseUrl = "jdbc:mysql://localhost:3306/test01?useSSL=false";
        String username = "root";
        String password = "root123";

        // 初始化数据库连接、预编译语句、文件输出流、结果集对象为 null
        Connection conn = null;
        PreparedStatement stmt = null;
        FileOutputStream fos = null;
        ResultSet rs = null;

        try {
            // 加载 MySQL JDBC 驱动
            Class.forName("com.mysql.jdbc.Driver");

            // 获取与数据库的连接
            conn = DriverManager.getConnection(databaseUrl, username, password);

            // 准备查询学生表中照片列的 SQL 语句，使用占位符（?）表示参数
            String sql = "SELECT photo FROM Student WHERE id=?";
            stmt = conn.prepareStatement(sql);
            stmt.setInt(1, 30);       // 查询 ID 为 30 的学生的照片

            // 执行查询并获取照片数据
            rs = stmt.executeQuery();
            if (rs.next()) {
                // 从结果集中获取 BLOB 类型的数据，即照片
                Blob blob = rs.getBlob("photo");
                InputStream is = blob.getBinaryStream();
```

```
            // 将 BLOB 数据保存到指定文件
            File imageFile = new File(imagePath);
            fos = new FileOutputStream(imageFile);

            // 创建缓冲区，用于批量读写数据
            byte[] buffer = new byte[4096];
            int bytesRead;      // 用于记录每次读取的字节数

            // 循环读取 BLOB 数据，直到读取完毕
            while ((bytesRead = is.read(buffer)) != -1) {
                fos.write(buffer, 0, bytesRead);      // 将读取的数据写入文件
            }
        }

        // 关闭结果集、预编译语句、文件输出流
        rs.close();
        stmt.close();
        fos.close();
    } catch (Exception ex) {
        // 输出错误信息
        System.out.println("Error: " + ex.getMessage());
    } finally {
        // 确保数据库连接在最后被关闭
        if (conn != null) {
            try {
                conn.close();
            } catch (SQLException ex) {
                // 输出关闭连接时产生的错误信息
                System.out.println("Error: " + ex.getMessage());
            }
        }
    }
}
}
```

5．删除数据

 文本提示

编写一个 Java 程序，实现以下功能：

（1）连接到本地 MySQL 数据库（端口为 3306），数据库名为 test01，用户名为 root，密码为 root123，且不使用 SSL 加密。

（2）假设数据库中有一张名称为 Student 的表，其中包含 id（整型，主键）等字段。

（3）从 Student 表中删除所有学号为奇数的学生记录。

（4）计算并输出删除了多少行记录。

（5）在程序执行过程中捕获并处理可能出现的异常。

编程思路

（1）导入所需库：导入 java.sql 包，包含与数据库交互所需的 JDBC API 类。

（2）定义主类：创建一个名称为 DeleteOddStudents 的公共类，并在其内部编写 main() 方法作为程序的入口。

（3）设置数据库连接信息。

1）定义字符串变量 databaseUrl，用于存储数据库连接的 URL。URL 包含了数据库服务器地址、端口、数据库名及连接参数（如关闭 SSL 加密）。

2）定义字符串变量 username 和 password，分别存储数据库的用户名和密码。

（4）初始化变量：创建 Connection、PreparedStatement 类型的变量，并初始化为 null，稍后用于数据库连接和执行预编译 SQL 语句。

（5）加载数据库驱动：使用 Class.forName() 方法动态加载 MySQL JDBC 驱动。这一步是 JDBC 连接数据库的前提，若驱动加载失败，则会抛出 ClassNotFoundException。

（6）建立数据库连接：使用 DriverManager.getConnection() 方法，传入之前定义的 databaseUrl、username 和 password，获取与数据库的连接对象 Connection。

（7）准备 SQL 删除语句。

1）定义一个字符串 sql，内容为从 Student 表中删除学号为奇数的学生记录的 SQL 语句。

2）调用 Connection 对象的 prepareStatement() 方法，传入 sql 字符串，创建一个 PreparedStatement 实例。

（8）执行删除操作并统计删除的行数。

1）调用 PreparedStatement 对象的 executeUpdate() 方法执行 SQL 语句，该方法返回被删除的行数。

2）将返回值赋给变量 rowsDeleted，并在控制台输出，表示已删除的行数。

（9）关闭资源：在删除操作完成后，关闭 PreparedStatement，释放系统资源。

（10）异常处理：在 try-catch 结构中捕获可能抛出的异常，当出现数据库操作错误时，打印错误信息以帮助调试。

（11）关闭数据库连接：在 finally 语句块中，确保无论是否发生异常，都会尝试关闭数据库连接。若关闭数据库连接时出现异常，则同样打印错误信息。

具体代码及解释如下：

```java
// 导入必要的库，用于 SQL 操作及 JDBC 驱动
import java.sql.*;

// 定义主类，用于删除学号为奇数的学生记录
public class DeleteOddStudents {

    public static void main(String[] args) {
        // 声明并初始化变量，分别用于存储数据库连接信息
        String databaseUrl = "jdbc:mysql://localhost:3306/test01?useSSL=false";
        String username = "root";
        String password = "root123";

        // 初始化数据库连接、预编译语句对象为 null
```

```
        Connection conn = null;
        PreparedStatement stmt = null;

    try {
        // 加载 JDBC 驱动
        Class.forName("com.mysql.jdbc.Driver");

        // 获取与数据库的连接
        conn = DriverManager.getConnection(databaseUrl, username, password);

        // 准备删除学号为奇数的学生记录的 SQL 语句
        String sql = "DELETE FROM Student WHERE id % 2 = 1";
        stmt = conn.prepareStatement(sql);

        // 执行删除语句，并获取删除的行数
        int rowsDeleted = stmt.executeUpdate();
        System.out.println(rowsDeleted + " rows deleted.");        // 输出删除的行数

        // 关闭预编译语句
        stmt.close();
    } catch (Exception ex) {
        // 输出错误信息
        System.out.println("Error: " + ex.getMessage());
    } finally {
        // 确保数据库连接在最后被关闭
        if (conn != null) {
            try {
                conn.close();
            } catch (SQLException ex) {
                // 输出关闭连接时产生的错误信息
                System.out.println("Error: " + ex.getMessage());
            }
        }
    }
}
```

6. 遍历数据

 文本提示

编写一个 Java 程序，实现以下功能：

（1）连接到本地 MySQL 数据库（端口为 3306），数据库名为 test01，用户名为 root，密码为 root123，且不使用 SSL 加密。

（2）假设数据库中有一张名称为 Student 的表，其中包含 id（整型）、name（字符串类型）、course（字符串类型）、grade（双精度型）等字段。

（3）使用自定义的数据库连接池（ConnectionPool 类）管理数据库连接。

（4）从 Student 表中查询所有的学生记录，并在控制台上输出每条记录的 id、name、

course、grade 信息。

（5）在程序执行过程中捕获并处理可能出现的 SQL 异常。

😄 编程思路

（1）导入所需库：导入 java.sql 包，包含与数据库交互所需的 JDBC API 类。

（2）定义主类：创建一个名称为 StudentTableReader 的公共类，并在其内部编写 main()方法作为程序的入口。由于可能会抛出 SQL 异常，因此在方法签名中添加 throws Exception声明。

（3）设置数据库连接信息：定义字符串变量 url、user、password，分别存储数据库连接的 URL、用户名和密码。

（4）使用连接池管理数据库连接。

1）创建一个 ConnectionPool 对象，传入数据库连接参数及最大连接数，用于管理数据库连接。

2）从连接池中获取一个数据库连接。

（5）执行 SQL 查询。

1）创建 Statement 对象，用于执行 SQL 语句。

2）准备 SQL 查询语句，选择 Student 表中的 id、name、course、grade 四个字段。

3）执行查询语句，获取 ResultSet 对象，用于遍历查询结果。

（6）遍历并显示查询结果：使用 while 循环遍历 ResultSet 对象，对于每一行记录，有以下两种情况。

1）从当前行中提取各字段的值：整型 id、字符串类型 name、course，以及双精度型 grade。

2）在控制台上输出一行格式化信息，展示学生记录的各项数据。

（7）释放数据库连接：使用完数据库连接后，将其归还给连接池。

（8）异常处理：在 try-catch 结构中捕获可能抛出的 SQLException，当出现数据库操作错误时，打印堆栈跟踪以帮助调试。

具体代码及解释如下：

```java
// 导入必要的库，用于 SQL 操作及 JDBC 驱动
import java.sql.*;

// 定义主类，用于读取并显示 Student 表中的数据
public class StudentTableReader {

    public static void main(String[] args) throws Exception {
        // 声明并初始化变量，分别用于存储数据库连接信息
        String url = "jdbc:mysql://localhost:3306/test01?useSSL=false";
        String user = "root";
        String password = "root123";

        try {
            // 创建一个 ConnectionPool 对象，传入数据库连接参数及最大连接数，用于管理数据库连接
            ConnectionPool conn_pool = new ConnectionPool(url, user, password, 5);

            // 从连接池中获取一个数据库连接
```

```
Connection conn = conn_pool.getConnection();

// 创建 Statement 对象，用于执行 SQL 语句
Statement stmt = conn.createStatement();

// 准备 SQL 查询语句，选择 Student 表中的 id、name、course、grade 四个字段
String sql = "SELECT id, name, course, grade FROM Student";

// 执行查询语句，获取 ResultSet 对象，用于遍历查询结果
ResultSet rs = stmt.executeQuery(sql);

// 遍历查询结果集
while (rs.next()) {
    // 从当前行中提取各字段的值：整型 id、字符串类型 name、course，以及双精度型 grade
    int id = rs.getInt("id");
    String name = rs.getString("name");
    String course = rs.getString("course");
    double grade = rs.getDouble("grade");

    // 在控制台上输出一行格式化信息，展示学生记录的各项数据
    System.out.println("id: " + id + ", name: " + name + ", course: " + course + ", grade: " + grade);
}

// 将使用完的数据库连接归还给连接池
conn_pool.releaseConnection(conn);

} catch (SQLException e) {
    // 输出 SQL 异常的堆栈跟踪信息，便于排查问题
    e.printStackTrace();
    }
  }
}
```

3.3.2　数据库的综合案例

1. 数据库连接池

文本提示

设计一个 Java 程序，实现数据库连接池的功能。

编程思路

（1）定义类和成员变量。

1）创建 ConnectionPool 类，导入所需的 Java 包（如 java.sql.* 和 java.util.*）。

2）在类中声明私有成员变量，包括数据库连接信息（url、user、password）、连接池大小（poolSize）及两张列表（connectionPool 和 usedConnections）。

（2）构造函数。

1）实现构造函数，接收所需的参数并赋值给对应的成员变量。

2）初始化 connectionPool 列表，根据 poolSize 创建指定大小的空列表。

3）使用 Class.forName()方法加载 MySQL JDBC 驱动。

（3）同步方法 getConnection()。

1）定义同步方法 getConnection()，确保多线程环境下操作的原子性。

2）检查 connectionPool 是否为空，如果为空且已使用的连接数未达上限，则调用 createConnection()方法创建新连接并添加至 connectionPool。

3）从 connectionPool 末尾移除一个连接，将其添加到 usedConnections 列表并返回。

（4）同步方法 releaseConnection(Connection)。

1）定义同步方法 releaseConnection(Connection)，用于接收一个已使用的连接作为参数。

2）尝试从 usedConnections 列表中移除该连接，如果移除成功，则将其添加回 connectionPool 并返回 true；否则返回 false。

（5）私有辅助方法 createConnection()：实现私有辅助方法 createConnection()，使用传入的数据库连接信息调用 DriverManager.getConnection()方法创建并返回一个新的数据库连接。

（6）同步方法 closeAllConnections()。

1）定义同步方法 closeAllConnections()，遍历 connectionPool 和 usedConnections 列表，对每个连接调用 close()方法关闭连接。

2）清空 connectionPool 和 usedConnections 列表。

具体代码及解释如下：

```java
// 导入与数据库连接相关的 Java 类
import java.sql.Connection;
import java.sql.DriverManager;
import java.sql.SQLException;
import java.util.ArrayList;
import java.util.List;

// 定义一个名称为 ConnectionPool 的类，用于管理数据库连接池
public class ConnectionPool {

    // 定义私有成员变量，存储数据库连接信息和连接池大小
    private String url;              // 数据库 URL
    private String user;             // 数据库用户名
    private String password;         // 数据库密码
    private int poolSize;            // 连接池大小

    // 定义连接池列表，以及已使用的连接列表
    private List<Connection> connectionPool;
    private List<Connection> usedConnections = new ArrayList<>();

    // 构造函数，初始化 ConnectionPool 对象，接收数据库连接信息及连接池大小
    public ConnectionPool(String url, String user, String password, int poolSize) {
        this.url = url;
        this.user = user;
        this.password = password;
```

```
        this.poolSize = poolSize;

        // 根据 poolSize 创建指定大小的空连接池列表
        connectionPool = new ArrayList<>(poolSize);

        // 加载 MySQL 驱动类
        try {
            Class.forName("com.mysql.jdbc.Driver");
        } catch (ClassNotFoundException e) {
            e.printStackTrace();
        }
    }

    // 同步方法，从连接池中获取一个可用的数据库连接
    public synchronized Connection getConnection() {
        // 如果连接池为空，则检查是否还能创建新连接
        if (connectionPool.isEmpty()) {
            if (usedConnections.size() < poolSize) {
                connectionPool.add(createConnection());        // 添加新创建的连接到连接池
            } else {
                // 如果已达到最大连接数，则抛出异常
                throw new RuntimeException("Maximum pool size reached, no available connections!");
            }
        }

        // 从连接池末尾移除一个连接并返回
        Connection connection = connectionPool.remove(connectionPool.size() - 1);
        usedConnections.add(connection);        // 将该连接加入已使用的连接列表
        return connection;
    }

    // 同步方法，释放一个已使用的数据库连接，将其归还给连接池
    public synchronized boolean releaseConnection(Connection connection) {
        // 若成功，则从已使用的连接列表中移除该连接
        if (usedConnections.remove(connection)) {
            connectionPool.add(connection);        // 将连接归还给连接池
            return true;
        } else {
            return false;
        }
    }

    // 私有辅助方法，创建一个新的数据库连接
    private Connection createConnection() {
        try {
            // 使用 DriverManager 获取数据库连接
```

```
            return DriverManager.getConnection(url, user, password);
        } catch (SQLException e) {
            // 如果连接失败，则抛出运行时异常
            throw new RuntimeException("Error connecting to the database", e);
        }
    }

    // 同步方法，关闭所有连接池中的数据库连接（包括未使用的和已使用的）
    public synchronized void closeAllConnections() throws SQLException {
        // 遍历连接池，关闭每个连接并清空连接池列表
        for (Connection c : connectionPool) {
            c.close();
        }
        connectionPool.clear();

        // 遍历已使用的连接列表，关闭每个连接并清空列表
        for (Connection c : usedConnections) {
            c.close();
        }
        usedConnections.clear();
    }
}
```

2. 数据分页

文本提示

编写一个 Java 程序，演示如何使用 JDBC 进行分页查询。

编程思路

（1）定义类和成员变量。

1）创建 PaginationDemo 类，导入所需的 Java 包（如 java.sql.*）。

2）在类中声明静态成员变量，包括数据库连接信息（url、user、password）。

（2）main()方法。

1）定义主方法 main(String[] args)。

2）初始化分页参数 page 和 pageSize。

（3）加载驱动与建立连接。

1）使用 Class.forName()方法加载 MySQL JDBC 驱动。

2）调用 DriverManager.getConnection()方法，使用数据库连接信息创建数据库连接。

（4）设置 SQL 与预编译语句。

1）定义 SQL 查询语句，使用 LIMIT 关键字实现分页查询，占位符（?）表示待填充的参数。

2）创建 PreparedStatement 对象，传入 SQL 语句。

（5）计算分页参数与设置 SQL 参数。

1）计算当前页的起始索引（startIndex = (page - 1) * pageSize）。

2）使用 setInt()方法为预编译语句设置分页参数（起始索引和每页记录数）。

（6）执行查询与处理结果。

1）执行预编译语句的 executeQuery()方法，获取 ResultSet 对象。

2）遍历结果集，使用 getInt()、getString()和 getDouble()方法获取各字段的值，并打印每一行数据。

（7）关闭资源：调用 ResultSet、PreparedStatement 和 Connection 对象的 close()方法，依次关闭结果集、预编译语句和数据库连接。

具体代码及解释如下：

```java
// 导入与数据库操作相关的 Java 类
import java.sql.Connection;
import java.sql.DriverManager;
import java.sql.PreparedStatement;
import java.sql.ResultSet;
import java.sql.SQLException;

// 定义一个名称为 PaginationDemo 的类，演示分页查询示例
public class PaginationDemo {

    // 定义静态成员变量，存储数据库连接信息
    public static String url = "jdbc:mysql://localhost:3306/test01?useSSL=false";    // 数据库 URL
    public static String user = "root";                                             // 数据库用户名
    public static String password = "root123";                                      // 数据库密码

    // 主方法，程序入口
    public static void main(String[] args) throws ClassNotFoundException {
        // 定义分页参数
        int page = 2;            // 当前页码
        int pageSize = 10;       // 每页记录数

        try {
            // 加载 MySQL 驱动类
            Class.forName("com.mysql.jdbc.Driver");

            // 建立数据库连接
            Connection conn = DriverManager.getConnection(url, user, password);

            // 设置 SQL 查询语句，使用 LIMIT 关键字实现分页查询
            String sql = "SELECT * FROM student LIMIT ?, ?";

            // 准备预编译的 SQL 语句
            PreparedStatement stmt = conn.prepareStatement(sql);

            // 计算当前页的起始索引
            int startIndex = (page - 1) * pageSize;

            // 给预编译语句设置分页参数（起始索引和每页记录数）
```

```
            stmt.setInt(1, startIndex);
            stmt.setInt(2, pageSize);

            // 执行 SQL 查询，获取结果集
            ResultSet rs = stmt.executeQuery();

            // 遍历结果集，打印每一行数据
            while (rs.next()) {
                int id = rs.getInt("id");                    // 获取整型字段 "id"
                String name = rs.getString("name");          // 获取字符串类型字段 "name"
                String course = rs.getString("course");      // 获取字符串类型字段 "course"
                double grade = rs.getDouble("grade");        // 获取浮点型字段 "grade"

                // 输出一行数据
                System.out.println("id: " + id + ", name: " + name + ", course: " + course + ", grade: " + grade);
            }

            // 关闭结果集、预编译语句和数据库连接
            rs.close();
            stmt.close();
            conn.close();
        } catch (SQLException e) {
            // 处理 SQL 异常，打印堆栈跟踪信息
            e.printStackTrace();
        }
    }
}
```

3. 登录系统

🔊 文本提示

编写一个 Java 程序，实现用户登录功能，要求如下：

（1）连接数据库：使用 MySQL JDBC 驱动，连接到本地数据库 test01，端口 3306，不使用 SSL；用户名为 root，密码为 root123。

（2）查询用户信息。

1）设置 SQL 查询语句，根据用户输入的用户名和密码查询 t_user 表中的相关记录。

2）使用预编译语句，防止 SQL 注入攻击。

（3）用户交互。

1）从控制台提示用户输入用户名和密码。

2）对用户的登录尝试进行计数，初始值为 0。

3）如果查询结果显示存在匹配的用户记录，则输出登录成功消息，同时显示用户等级信息（从结果集中获取 "level" 字段）。

4）如果查询结果显示不存在匹配的用户记录，则输出登录失败消息，并递增登录尝试次数。

5）当登录失败次数达到 3 次时，输出 "Too many failed attempts. User locked for one day."，表明用户已被锁定 1 天。

（4）资源管理：确保在程序结束时关闭所有打开的数据库资源（结果集、预编译语句、数据库连接）。

编程思路

（1）定义类与成员变量。

1）创建 LoginDemo 类，导入所需的 Java 包（如 java.sql.*）。

2）在类中声明变量，包括数据库连接、预编译语句、结果集、登录失败次数计数器和用户锁定状态标志。

（2）main()方法。

1）定义主方法 main(String[] args)。

2）初始化登录失败次数计数器和用户锁定状态标志。

（3）加载驱动与建立连接。

1）使用 Class.forName()方法加载 MySQL JDBC 驱动。

2）调用 DriverManager.getConnection()方法，使用数据库连接信息创建数据库连接。

（4）设置 SQL 与预编译语句。

1）定义 SQL 查询语句，根据用户名和密码查询 t_user 表中的记录。

2）创建 PreparedStatement 对象，传入 SQL 语句。

（5）获取用户输入。

1）使用辅助方法 getUserInput()，从控制台提示用户输入用户名和密码。

2）将获取到的用户名和密码分别设置为预编译语句的参数。

（6）执行查询与处理结果。

1）执行预编译语句的 executeQuery()方法，获取 ResultSet 对象。

2）判断结果集是否存在下一条记录（即是否有匹配的用户记录），若存在则输出登录成功消息并显示用户等级；否则输出登录失败消息并递增登录失败次数计数器。

3）当登录失败次数达到 3 次时，输出用户被锁定的消息，并更新用户锁定状态标志。

（7）关闭资源：在 finally 语句块中，确保无论是否发生异常，都会关闭结果集、预编译语句和数据库连接。

（8）辅助方法 getUserInput()。

1）定义私有辅助方法 getUserInput(String prompt)，用于接收提示信息作为参数。

2）输出提示信息，创建 Scanner 对象从控制台读取用户输入的下一行内容。

3）返回用户输入的字符串。

具体代码及解释如下：

```java
// 导入与数据库操作相关的 Java 类
import java.sql.*;

// 定义一个名称为 LoginDemo 的类，演示用户登录功能
public class LoginDemo {
    public static void main(String[] args) throws SQLException, Exception {
        // 定义数据库连接、预编译语句和结果集对象等
        Connection conn = null;
        PreparedStatement ps = null;
```

```java
ResultSet rs = null;
int tries = 0;                    // 登录失败次数计数器
boolean locked = false;          // 用户锁定状态标志

try {
    // 加载 MySQL 驱动类
    Class.forName("com.mysql.jdbc.Driver");

    // 建立数据库连接
    conn = DriverManager.getConnection("jdbc:mysql://localhost:3306/test01?useSSL=false",
        "root", "root123");

    // 设置 SQL 查询语句，根据用户名和密码查询用户信息
    String sql = "SELECT * FROM t_user WHERE name = ? AND password = ?";

    // 准备预编译的 SQL 语句
    ps = conn.prepareStatement(sql);

    // 从用户输入获取用户名和密码
    String username = getUserInput("Please enter your username:");
    String password = getUserInput("Please enter your password:");

    // 给预编译语句设置参数（用户名和密码）
    ps.setString(1, username);
    ps.setString(2, password);

    // 执行 SQL 查询，获取结果集
    rs = ps.executeQuery();

    // 判断是否有匹配的用户记录
    if (rs.next()) {
        // 获取用户等级信息并输出登录成功的消息
        int level = rs.getInt("level");
        System.out.println("Login successful. User level: " + level);
    } else {
        // 输出登录失败的消息，递增登录失败次数计数器
        System.out.println("Login failed.");
        tries++;

        // 判断是否达到最大尝试次数，若超过则锁定用户并输出相应消息
        if (tries >= 3) {
            System.out.println("Too many failed attempts. User locked for one day.");
            locked = true;
        }
    }
```

```
        } finally {
            // 关闭结果集、预编译语句和数据库连接
            if (rs != null) rs.close();
            if (ps != null) ps.close();
            if (conn != null) conn.close();
        }
    }

    // 私有辅助方法, 从控制台获取用户输入的字符串
    private static String getUserInput(String prompt) {
        System.out.println(prompt);
        java.util.Scanner scanner = new java.util.Scanner(System.in);
        return scanner.nextLine();
    }
}
```

4. SQL 注入问题

📢 文本提示

编写一个 Java 程序, 演示数据库查询示例, 在其中模拟恶意注入, 要求如下:

（1）连接数据库: 使用 MySQL JDBC 驱动, 连接到本地数据库 test01, 端口 3306, 不使用 SSL; 用户名为 root, 密码为 root123。

（2）设置查询条件: 定义用户名和密码变量（此处模拟恶意输入, 包含 SQL 注入片段）。

（3）查询用户信息。

1）设置 SQL 查询语句, 根据用户名和密码查询 t_user 表中的记录。

2）使用预编译语句, 防止 SQL 注入攻击。

（4）处理查询结果。

1）执行 SQL 查询, 获取结果集。

2）遍历结果集, 打印每一行数据（包含字段"id""name""password""level"的值）。

（5）资源管理: 确保在程序结束时关闭所有打开的数据库资源（结果集、预编译语句、数据库连接）。

💬 编程思路

（1）定义类与成员变量。

1）创建 DatabaseDemo 类, 导入所需的 Java 包（如 java.sql.*）。

2）在类中声明变量, 包括数据库连接、预编译语句、结果集。

（2）main()方法: 定义主方法 main(String[] args)。

（3）定义数据库 URL: 定义一个字符串变量 databaseUrl, 存储数据库连接 URL。

（4）加载驱动与建立连接。

1）使用 Class.forName()方法加载 MySQL JDBC 驱动。

2）调用 DriverManager.getConnection()方法, 使用数据库连接信息创建数据库连接。

（5）设置查询条件: 定义用户名和密码变量（此处模拟恶意输入, 包含 SQL 注入片段）。

（6）设置 SQL 与预编译语句。

1）定义 SQL 查询语句, 根据用户名和密码查询 t_user 表中的记录。

2）创建 PreparedStatement 对象，传入 SQL 语句。

（7）设置 SQL 参数：将用户名和密码分别设置为预编译语句的参数。

（8）执行查询与处理结果。

1）执行预编译语句的 executeQuery()方法，获取 ResultSet 对象。

2）遍历结果集，使用 getInt()、getString()和 getInt()方法获取各字段的值，并打印每一行数据。

（9）关闭资源：在 finally 语句块中，确保无论是否发生异常，都会关闭结果集、预编译语句和数据库连接。

具体代码及解释如下：

```java
// 导入与数据库操作相关的 Java 类
import java.sql.*;

// 导入 MySQL JDBC 扩展包中的 PreparedStatementWrapper 类（此处并未使用）
import com.mysql.jdbc.jdbc2.optional.PreparedStatementWrapper;

// 定义一个名称为 DatabaseDemo 的类，演示数据库查询示例
public class DatabaseDemo {
    public static void main(String[] args) throws SQLException, Exception {
        // 定义数据库 URL
        String databaseUrl = "jdbc:mysql://localhost:3306/test01?useSSL=false";

        // 定义数据库连接、预编译语句和结果集对象
        Connection conn = null;
        PreparedStatement stmt = null;
        ResultSet rs = null;

        try {
            // 加载 MySQL 驱动类
            Class.forName("com.mysql.jdbc.Driver");

            // 建立数据库连接
            conn = DriverManager.getConnection(databaseUrl, "root", "root123");

            // 定义用户名和密码（此处模拟恶意输入，包含 SQL 注入片段）
            String name = "bbb";
            String password = "222' or '1'='1";

            // 设置 SQL 查询语句，根据用户名和密码查询 t_user 表中的记录
            String sql = "SELECT * FROM t_user WHERE name = ? AND password= ? ";

            // 准备预编译的 SQL 语句
            stmt = conn.prepareStatement(sql);

            // 给预编译语句设置参数（用户名和密码）
            stmt.setString(1, name);
            stmt.setString(2, password);
```

```
            // 执行 SQL 查询，获取结果集
            rs = stmt.executeQuery();

            // 遍历结果集，打印每一行数据（包含字段 "id" "name" "password" "level" 的值）
            while (rs.next()) {
                int id = rs.getInt("id");
                String username = rs.getString("name");
                String pwd = rs.getString("password");
                int level = rs.getInt("level");
                System.out.println(id + "\t" + username + "\t" + pwd + "\t" + level);
            }
        } finally {
            // 关闭结果集、预编译语句和数据库连接
            if (rs != null) rs.close();
            if (stmt != null) stmt.close();
            if (conn != null) conn.close();
        }
    }
}
```

注意：此代码中的密码字段使用了恶意的 SQL 注入片段（'222' or '1'='1'）。在实际应用中，应避免此类输入直接进入 SQL 查询，可以使用预编译语句并正确设置参数以防止 SQL 注入攻击。本示例仅作为学习参考，不应在生产环境中使用类似的代码。

第4章 基于 AI 的 Java 高级编程

4.1 多 线 程

Java 中的多线程是一种编程技术，允许在同一个 Java 应用程序中同时执行多条独立的执行路径，即多个线程。这些线程能够共享相同的进程资源（如内存空间），但各自拥有自己的程序计数器、栈和局部变量，从而能够并发执行不同的任务或操作。以下是 Java 多线程的核心概念、实现方式、优势与应用场景及管理方面的简要概述。

1. 核心概念

（1）线程：操作系统能够进行调度和分派的基本单位，它代表了程序中的一个单一顺序控制流。在 Java 中，一个线程可以视为进程中一个轻量级的子任务，负责执行特定的代码片段。

（2）线程生命周期：线程在其存在期间会经历若干状态，具体如下：

- 新建（NEW）：线程对象被创建但尚未启动。
- 就绪（RUNNABLE）：线程已启动，等待 CPU 时间片分配以便运行。
- 运行（RUNNING）：线程获得了 CPU 资源并正在执行。
- 阻塞（BLOCKED、WAITING、TIMED_WAITING）：线程因等待资源（如锁）、等待其他线程唤醒或达到指定等待时间而暂停执行。
- 终止（TERMINATED）：线程已完成执行或因异常退出。

2. 实现方式

Java 提供了以下方式来创建和管理线程：

（1）实现 Runnable 接口：定义一个类实现 Runnable 接口，通过实现 run()方法来封装线程任务；然后将该类的实例传递给 Thread 构造函数创建新的线程，或者提交给 ExecutorService 等高级线程管理工具。

（2）继承 Thread 类：通过创建 Thread 类的子类，并重写其 run()方法来定义线程执行的任务；然后通过创建子类实例并调用 start()方法来启动线程。

（3）使用 Callable 和 Future：对于需要返回值的任务，可以使用 Callable 接口替代 Runnable，并结合 Future 对象来获取线程执行的结果。

（4）线程池：通过 java.util.concurrent 包中的 ThreadPoolExecutor 或 Executors 工具类创建线程池，可以复用线程资源，减少线程创建和销毁的开销，同时提供任务队列、线程管理和调度等功能。

3. 优势与应用场景

（1）资源利用率：多线程可以更好地利用多核处理器的计算能力，提高系统的整体性能。

（2）响应性：在用户界面、网络请求等场景下，主线程可以继续响应用户交互，同时后台线程处理耗时任务，避免阻塞用户操作。

（3）并发处理：对于大规模数据处理、服务器并发请求等场景，多线程可以实现任务的并行执行，缩短整体处理时间。

（4）异步编程：多线程可以简化异步编程模型，实现非阻塞的程序设计。

4. 线程管理与同步

（1）优先级：Java 线程可以设置线程的优先级，高优先级的线程在资源竞争中可能获得更多执行机会，但并不保证绝对优先执行。

（2）同步：为防止多个线程对共享资源的并发访问导致数据不一致或竞态条件，Java 提供了以下几种同步机制，如：

1）synchronized 关键字：用于标记方法或代码块，确保同一时刻只有一个线程能访问被保护的代码。

2）Lock 接口（如 ReentrantLock）：提供比 synchronized 更灵活的锁定机制，支持公平锁、可中断锁等特性。

3）原子类与并发容器（如 AtomicInteger、ConcurrentHashMap 等）：内置了线程安全的原子操作或同步机制。

4）条件变量（如 Condition）：用于线程间的协调和通知，允许线程在满足特定条件时等待或唤醒其他线程。

综上所述，Java 中的多线程是实现并发编程的关键技术，通过合理创建和管理线程，可以构建高效、响应迅速且能够充分利用现代多核处理器能力的 Java 应用程序。同时，妥善处理线程间的同步和数据一致性问题是多线程编程中的重要挑战。

下面是与多线程相关的例子。

4.1.1 多线程的第一种实现方式

📢 **文本提示**

用 Java 编写一个程序，用实现 Runnable 接口的方式实现多线程。

📢 **编程思路**

（1）定义主类：创建一个名称为 ThreadTest1 的公共类。

（2）编写主方法：在 ThreadTest1 类中添加 public static void main(String[] args)方法，这是 Java 程序的入口。

（3）创建线程。

1）在 main()方法中，创建两个 Thread 对象 t1 和 t2。每个线程需要关联一个 Runnable 对象来指定其执行的任务。

2）对于 t1 线程，创建一个 PrintStar 类的实例，并将其传递给 Thread 构造函数。

3）对于 t2 线程，创建一个 PrintOne 类的实例，并将其传递给 Thread 构造函数。

（4）实现 Runnable 接口。

1）在 ThreadTest1 类中定义两个静态内部类 PrintStar 和 PrintOne，均实现 Runnable 接口。

2）在 PrintStar 类中，重写 run()方法，使用无限循环结构并在循环体内打印星号（*）。

3）在 PrintOne 类中，同样重写 run()方法，使用无限循环结构并在循环体内打印数字 1。

（5）启动线程：在 main()方法中，调用 t1 和 t2 线程的 start()方法，启动这两个线程，使其各自执行关联 Runnable 对象的 run()方法。

具体代码及解释如下：

```java
// 定义一个名称为 ThreadTest1 的公共类
public class ThreadTest1 {

    // 主方法，程序执行的入口
    public static void main(String[] args) {
        // 创建一个新的线程 t1，其任务为执行 PrintStar 类的实例
        Thread t1 = new Thread(new PrintStar());
        // 创建一个新的线程 t2，其任务为执行 PrintOne 类的实例
        Thread t2 = new Thread(new PrintOne());

        // 启动线程 t1，开始执行其 run() 方法中的任务
        t1.start();
        // 启动线程 t2，开始执行其 run() 方法中的任务
        t2.start();
    }

    // 定义一个静态内部类 PrintStar，实现 Runnable 接口
    static class PrintStar implements Runnable {
        // 重写 Runnable 接口的 run() 方法，定义线程执行的具体任务
        @Override
        public void run() {
            // 使用无限循环打印星号（*），表示线程持续运行
            while (true) {
                System.out.println("*");
            }
        }
    }

    // 定义一个静态内部类 PrintOne，同样实现 Runnable 接口
    static class PrintOne implements Runnable {
        // 重写 Runnable 接口的 run() 方法，定义线程执行的具体任务
        @Override
        public void run() {
            // 使用无限循环打印数字 1，表示线程持续运行
            while (true) {
                System.out.println("1");
            }
        }
    }
}
```

　　这段代码由于没有显式地停止线程，因此这两个线程将一直运行下去。实际应用中，通常需要添加适当的同步或控制逻辑以适时终止线程。

4.1.2 多线程的第二种实现方式

🔊 **文本提示**

用 Java 编写一个程序，用继承 Thread 类的方式实现多线程。

💬 **编程思路**

（1）定义主类：创建一个名称为 ThreadTest2 的公共类。

（2）编写主方法：在 ThreadTest2 类中添加 public static void main(String[] args)方法，这是 Java 程序的入口。

（3）创建线程。

1）在 main()方法中，创建两个 PrintStarThread 和 PrintOneThread 对象 t1 和 t2。

2）PrintStarThread 和 PrintOneThread 类已经继承自 Thread 类，因此可以直接创建它们的实例作为线程对象。

（4）继承 Thread 类并重写 run()方法。

1）在 ThreadTest2 类中定义两个静态内部类 PrintStarThread 和 PrintOneThread，均继承自 Thread 类。

2）在 PrintStarThread 类中，重写 run()方法，使用无限循环结构并在循环体内打印特定字符串"222222222222222222222222222222222222"。

3）在 PrintOneThread 类中，同样重写 run()方法，使用无限循环结构并在循环体内打印特定字符串"11111111111111111111111111111111111"。

（5）启动线程：在 main()方法中，调用 t1 和 t2 线程的 start()方法，启动这两个线程，使其各自执行重写的 run()方法。

具体代码及解释如下：

```
// 定义一个名称为 ThreadTest2 的公共类
public class ThreadTest2 {

    // 主方法，程序执行的入口
    public static void main(String[] args) {
        // 创建一个新的线程 t1，类型为 PrintStarThread
        PrintStarThread t1 = new PrintStarThread();
        // 创建一个新的线程 t2，类型为 PrintOneThread
        PrintOneThread t2 = new PrintOneThread();

        // 启动线程 t1，开始执行其 run()方法中的任务
        t1.start();

        // 启动线程 t2，开始执行其 run()方法中的任务
        t2.start();
    }

    // 定义一个静态内部类 PrintStarThread，继承自 Thread 类
    static class PrintStarThread extends Thread {
        // 重写 Thread 类的 run()方法，定义线程执行的具体任务
```

```
        @Override
        public void run() {
            // 使用无限循环打印特定字符串，表示线程持续运行
            while (true) {
                System.out.println("2222222222222222222222222222222222222");
            }
        }
    }

    // 定义一个静态内部类 PrintOneThread，同样继承自 Thread 类
    static class PrintOneThread extends Thread {
        // 重写 Thread 类的 run()方法，定义线程执行的具体任务
        @Override
        public void run() {
            // 使用无限循环打印特定字符串，表示线程持续运行
            while (true) {
                System.out.println("1111111111111111111111111111111111111");
            }
        }
    }
}
```

4.1.3 两种实现方式的区别

上述线程的两种实现方式中，实现 Runnable 接口更适合需要避免单继承限制、实现资源共享及强调代码复用和面向接口编程的场景，继承 Thread 类则适合需要快速创建简单线程任务、直接使用 Thread 类提供的便利方法且不涉及多重继承的情况。在实际开发中，由于 Runnable 接口提供的优势，尤其是其对 Java 特性的更好适应性，因此通常推荐优先考虑使用实现 Runnable 接口的方式来创建线程。不过，具体选择哪种创建线程的方式还需根据项目需求和设计来决定。

下面再列举一个用实现 Runnable 接口的方式实现多线程的例子。

🔊 文本提示

编写一个 Java 程序，实现以下功能：

（1）创建一个名称为 ThreadTest3 的公共类。在 ThreadTest3 类中定义 main()方法作为程序入口。

（2）在 main()方法中：创建一个 TicketSellerThread 对象 r1，它实现了 Runnable 接口；创建四个 Thread 对象 t1、t2、t3 和 t4，并将 r1 作为它们的 Runnable 任务；启动线程 t1、t2、t3 和 t4，让它们各自执行 r1 的 run()方法；定义一个独立类 TicketSellerThread，实现 java.lang.Runnable 接口。

（3）在 TicketSellerThread 类中：定义常量 TOTAL_TICKETS 表示总票数，初始值为 100；定义变量 ticketsSold 表示已售出票数，初始值为 0。

（4）重写 Runnable 接口的 run()方法，定义线程执行的具体任务：使用无限循环进行售票操作。

（5）在循环中，检查是否已售完所有票：若是，则打印消息"售票结束"并退出循环；否则，打印当前线程名称及售出的票数（递增 ticketsSold 并输出）。

💬 **编程思路**

（1）定义主类：创建一个名称为 ThreadTest3 的公共类。

（2）编写主方法：在 ThreadTest3 类中添加 public static void main(String[] args)方法，这是 Java 程序的入口。

（3）创建 Runnable 对象和线程。

1）在 main()方法中，创建一个 TicketSellerThread 对象 r1，它实现了 Runnable 接口，用于定义线程任务。

2）创建四个 Thread 对象 t1、t2、t3 和 t4，并将 r1 作为它们的 Runnable 任务。

（4）定义 TicketSellerThread 类：定义一个独立类 TicketSellerThread，实现 java.lang.Runnable 接口。

（5）实现 Runnable 接口并重写 run()方法。

1）在 TicketSellerThread 类中，定义常量 TOTAL_TICKETS 表示总票数，初始值为 100。

2）定义变量 ticketsSold 表示已售出票数，初始值为 0。

3）重写 Runnable 接口的 run()方法，使用无限循环进行售票操作。在循环中，检查是否已售完所有票，若是，则打印消息并退出循环；否则，打印当前线程名称及售出的票数（递增 ticketsSold 并输出）。

（6）启动线程：在 main()方法中，调用 t1、t2、t3 和 t4 线程的 start()方法，启动这些线程，使其各自执行 r1 的 run()方法。

具体代码及解释如下：

```
// 定义一个名称为 ThreadTest3 的公共类
public class ThreadTest3 {

    // 主方法，程序执行的入口点
    public static void main(String[] args) {

        // 创建一个 TicketSellerThread 对象 r1，它实现了 Runnable 接口
        TicketSellerThread r1 = new TicketSellerThread();

        // 创建一个新的线程 t1，关联 r1 作为其任务
        Thread t1 = new Thread(r1);

        // 创建一个新的线程 t2，同样关联 r1 作为其任务
        Thread t2 = new Thread(r1);

        // 创建一个新的线程 t3，同样关联 r1 作为其任务
        Thread t3 = new Thread(r1);

        // 创建一个新的线程 t4，同样关联 r1 作为其任务
        Thread t4 = new Thread(r1);

        // 启动线程 t1，开始执行其关联的 Runnable 对象 r1 的 run()方法
```

```
        t1.start();

        // 启动线程 t2，开始执行其关联的 Runnable 对象 r1 的 run()方法
        t2.start();

        // 启动线程 t3，开始执行其关联的 Runnable 对象 r1 的 run()方法
        t3.start();

        // 启动线程 t4，开始执行其关联的 Runnable 对象 r1 的 run()方法
        t4.start();
    }

    // 定义一个独立类 TicketSellerThread，实现 Runnable 接口
    static class TicketSellerThread implements Runnable {

        // 定义总票数常量
        private int TOTAL_TICKETS = 100;

        // 定义已售出票数变量
        private int ticketsSold = 0;

        // 重写 Runnable 接口的 run()方法，定义线程执行的具体任务
        @Override
        public void run() {
            // 使用无限循环进行售票操作
            while (true) {

                // 如果已售出票数等于或超过总票数，则打印消息并退出循环
                if (ticketsSold >= TOTAL_TICKETS) {
                    System.out.println("售票结束");
                    break;
                }

                // 打印当前线程名称及售出的票数（递增 ticketsSold 并输出）
                System.out.println(Thread.currentThread().getName() + "售出第" + (++ticketsSold) + "张票");
            }
        }
    }
}
```

注意： 实际应用中应对售票过程进行线程同步控制，以确保线程安全。

4.1.4　多线程同步问题

　　Java 中的多线程同步问题是指在多线程环境下，当多个线程对共享资源（如数据、文件、硬件设备等）同时进行访问和修改时，如果没有适当的同步控制机制，则可能会出现数据不一致、竞态条件、死锁等并发问题。这些问题主要源于线程执行的不可预测性和并发操作的交错性。以下是一些典型的多线程同步问题。

1. 数据不一致

当多个线程同时读写共享数据时，如果没有正确同步，则可能出现"脏读""丢失更新""不可重复读"等问题。例如，一个线程正在修改数据，而另一个线程在修改未完成时进行读取，可能导致读取到中间状态的数据或读取旧值，而非预期的新值。

2. 竞态条件

竞态条件是指线程间的执行顺序对最终结果有影响，并且这种影响并非期望的行为。例如，两个线程同时增加一个共享计数器，如果没有同步保护，则可能导致最终计数值小于实际累加次数，因为两个线程可能同时读取到同一计数值，然后各自加 1，但只有一个加 1 操作真正反映到了最终结果中。

3. 死锁

死锁是多个线程相互等待对方持有的资源，导致所有线程都无法继续执行的现象。例如，线程 A 持有资源 X 并等待资源 Y，线程 B 持有资源 Y 并等待资源 X，此时两个线程都无法释放已有的资源去获取所需的资源，从而形成僵局。

4. 活锁与饥饿

活锁是指线程因不断尝试获取资源但始终失败，导致无法向前推进的状态，虽然线程并未阻塞，但实际工作无法进行。饥饿则是指某个线程因长期无法获得所需资源而无法执行，尽管系统并未陷入死锁。

5. 非原子性操作

当一个操作需要多步完成，并且中间状态对其他线程可见时，若无同步保障，则可能导致其他线程看到中间状态，引发数据混乱。例如，一个复合操作如"先读取值，然后加 1，再写回"，如果这三个步骤在不同线程中交错执行，则可能会导致计数错误。

为了解决以上多线程同步问题，Java 提供了以下几种同步机制：

（1）synchronized 关键字：用于修饰方法或代码块，确保同一时刻只有一个线程能访问被保护的代码区域。

（2）Lock 接口（如 ReentrantLock）：提供了比 synchronized 更灵活的锁定机制，支持公平锁、可中断锁、尝试获取锁等特性，需要显式地获取和释放锁。

（3）原子类（如 AtomicInteger、AtomicLong 等）：提供了原子化的操作，确保在多线程环境下对变量的操作是不可分割的。

（4）并发集合（如 ConcurrentHashMap、CopyOnWriteArrayList 等）：内部实现了线程安全的访问和更新机制，避免了用户手动进行同步。

（5）条件变量（如 Condition）：允许线程在满足特定条件时等待或唤醒其他线程，与锁配合使用可以精细控制线程间的同步。

通过合理运用这些同步机制，程序员可以编写出线程安全的多线程程序，有效避免上述同步问题的发生。同时，良好的编程习惯，如避免长时间持有锁、遵循最小化同步范围原则、避免嵌套锁等，也是减少同步问题的重要手段。

下面的例子就是在上一例的基础上用 synchronized 关键字解决多线程同步问题。

 文本提示

编写一个 Java 程序，实现以下功能：

（1）创建一个名称为 ThreadTest4 的公共类。

（2）在 ThreadTest4 类中定义 main()方法作为程序入口。

（3）在 main()方法中：创建一个 SaleThread 对象 r1，它实现了 Runnable 接口；创建四个 Thread 对象 t1、t2、t3 和 t4，并将 r1 作为它们的 Runnable 任务；启动线程 t1、t2、t3 和 t4，让它们各自执行 r1 的 run()方法；定义一个独立类 SaleThread，实现 java.lang.Runnable 接口。

（4）在 SaleThread 类中：定义变量 tickets 表示剩余票数，初始值为 100；定义一个同步方法 saleTicket()，用于售票操作，如果还有票可售，则休眠 1 毫秒，模拟售票过程中的短暂延迟，然后打印当前线程名称及售出的票数（递减 tickets 并输出）。

（5）重写 Runnable 接口的 run()方法，定义线程执行的具体任务：使用无限循环调用 saleTicket()方法进行售票。

◉▶ 编程思路

（1）定义主类：创建一个名称为 ThreadTest4 的公共类。

（2）编写主方法：在 ThreadTest4 类中添加 public static void main(String[] args)方法，这是 Java 程序的入口。

（3）创建 Runnable 对象和线程。

1）在 main()方法中，创建一个 SaleThread 对象 r1，它实现了 Runnable 接口，用于定义线程任务。

2）创建四个 Thread 对象 t1、t2、t3 和 t4，并将 r1 作为它们的 Runnable 任务。

（4）定义 SaleThread 类：定义一个独立类 SaleThread，实现 java.lang.Runnable 接口。

（5）实现 Runnable 接口并定义同步方法 saleTicket()。

1）在 SaleThread 类中，定义变量 tickets 表示剩余票数，初始值为 100。

2）定义一个同步方法 saleTicket()，用于售票操作。在该方法中，首先检查是否还有票可售，若有，则休眠 1 毫秒（模拟售票过程中的短暂延迟），然后打印当前线程名称及售出的票数（递减 tickets 并输出）。

（6）重写 run()方法：在 SaleThread 类中，重写 Runnable 接口的 run()方法，使用无限循环调用 saleTicket()方法进行售票。

（7）启动线程：在 main()方法中，调用 t1、t2、t3 和 t4 线程的 start()方法，启动这些线程，使其各自执行 r1 的 run()方法。

具体代码及解释如下：

```java
// 定义一个名称为 ThreadTest4 的公共类
public class ThreadTest4 {

    // 主方法，程序执行的入口
    public static void main(String[] args) {

        // 创建一个 SaleThread 对象 r1，它实现了 Runnable 接口
        SaleThread r1 = new SaleThread();

        // 创建一个新的线程 t1，关联 r1 作为其任务
        Thread t1 = new Thread(r1);

        // 创建一个新的线程 t2，同样关联 r1 作为其任务
```

```
        Thread t2 = new Thread(r1);

        // 创建一个新的线程 t3，同样关联 r1 作为其任务
        Thread t3 = new Thread(r1);

        // 创建一个新的线程 t4，同样关联 r1 作为其任务
        Thread t4 = new Thread(r1);

        // 启动线程 t1，开始执行其关联的 Runnable 对象 r1 的 run()方法
        t1.start();

        // 启动线程 t2，开始执行其关联的 Runnable 对象 r1 的 run()方法
        t2.start();

        // 启动线程 t3，开始执行其关联的 Runnable 对象 r1 的 run()方法
        t3.start();

        // 启动线程 t4，开始执行其关联的 Runnable 对象 r1 的 run()方法
        t4.start();
    }
}

// 定义一个独立类 SaleThread，实现 Runnable 接口
class SaleThread implements Runnable {

    // 定义票数变量
    private int tickets = 100;

    // 定义一个同步方法 saleTicket()，用于售票操作
    public synchronized void saleTicket() {

        // 如果还有票可售
        if (tickets > 0) {
            try {
                // 休眠 1 毫秒，模拟售票过程中的短暂延迟
                Thread.sleep(1);
            } catch (Exception ex) {}

            // 打印当前线程名称及售出的票数（递减 tickets 并输出）
            System.out.println(Thread.currentThread().getName() + " is saling ticket " + tickets--);
        }
    }

    // 重写 Runnable 接口的 run()方法，定义线程执行的具体任务
    @Override
    public void run() {
        // 使用无限循环进行售票操作
```

```
        while (true) {
            // 调用同步方法 saleTicket()进行售票
            saleTicket();
        }
    }
}
```

由于 saleTicket()方法使用了 synchronized 关键字，确保了同一时刻只有一个线程能执行售票操作，因此避免了多线程环境下的数据不一致问题。当 t1、t2、t3 和 t4 线程启动后，它们将竞争执行售票任务，直至所有票售罄。

4.1.5 线程间的协调问题及生产消费协调问题

生产消费协调问题是线程间协调的一个特定场景，通常涉及一个（或多个）生产者线程生成数据并放入缓冲区（如队列），一个（或多个）消费者线程从缓冲区取出数据并进行处理。生产消费协调的关键在于确保：生产者不会在缓冲区满时继续添加数据，避免数据溢出或丢失；消费者不会在缓冲区空时尝试取数据，避免空等待或错误处理。对缓冲区的访问操作是线程安全的，防止数据竞争。

解决生产消费协调问题的常见方法包括以下几种：

（1）使用线程安全的数据结构（如 java.util.concurrent 包中的 ArrayBlockingQueue、LinkedBlockingQueue 等），它们内置了容量检查和同步机制，可以直接用于实现生产者-消费者模型。

（2）使用信号量（Semaphore）来控制同时生产或消费的数量，或者限制缓冲区的容量。

（3）使用条件变量（Condition），结合锁（如 ReentrantLock），允许线程在满足特定条件时等待或唤醒其他线程。

（4）在实现生产者-消费者模型时，还需要考虑异常处理、线程关闭的优雅性、任务取消等问题，确保系统的稳定性和可靠性。通过恰当的线程间协调机制，可以有效地解决生产消费问题，实现多线程环境下数据的高效、可靠流转。

下面的例子是一个用 Java 编写的模拟生产消费协调问题的程序。

📢 文本提示

用 Java 编写一个程序，模拟线程间的协调问题及生产消费协调问题。

💬 编程思路

（1）定义主类：创建一个名称为 ThreadTest5 的公共类。

（2）编写主方法：在 ThreadTest5 类中添加 public static void main(String[] args)方法，这是 Java 程序的入口。

（3）创建数据源和线程对象：在 main()方法中，创建一个 DB 对象 db 作为数据源；创建一个 Producer 对象 p，关联 db 作为其数据源；创建一个 Consumer 对象 c，同样关联 db 作为其数据源。

（4）创建并启动线程：创建一个新的线程，关联 p 作为其任务，并启动该线程；创建另一个新的线程，关联 c 作为其任务，并启动该线程。

（5）定义 Producer 类：定义一个独立类 Producer，实现 java.lang.Runnable 接口；在 Producer 类中，定义成员变量 db 存储数据源引用，构造方法接收 DB 对象作为参数，并赋值给成员变量 db；重写 Runnable 接口的 run()方法，使用无限循环，交替放入姓名为"刘庆杰"的男性数据和姓名为"刘熙"的女性数据到 db。

（6）定义 Consumer 类：定义另一个独立类 Consumer，同样实现 Runnable 接口；在 Consumer 类中，定义成员变量 db 存储数据源引用，构造方法接收 DB 对象作为参数，并赋值给成员变量 db；重写 Runnable 接口的 run()方法，使用无限循环从 db 中取出并打印数据。

（7）定义 DB 类：定义一个独立类 DB，用于存储和交换数据。在 DB 类中，定义成员变量 name、sex 和 full 分别存储姓名、性别信息和是否已满标识。定义同步方法 put()，用于向 DB 中放入数据。如果 DB 已满，则当前线程进入等待状态；否则，设置姓名和性别信息，并标记 DB 为已满，最后唤醒等待的消费者线程。定义另一个同步方法 get()，用于从 DB 中取出数据。如果 DB 为空，则当前线程进入等待状态；否则，打印姓名和性别信息，并标记 DB 为空，最后唤醒等待的生产者线程。

具体代码及解释如下：

```java
// 定义一个名称为 ThreadTest5 的公共类
class ThreadTest5 {

    // 主方法，程序执行的入口
    public static void main(String[] args) {

        // 创建一个 DB 对象 db，用于存储和交换数据
        DB db = new DB();

        // 创建一个 Producer 对象 p，关联 db 作为其数据源
        Producer p = new Producer(db);

        // 创建一个 Consumer 对象 c，同样关联 db 作为其数据源
        Consumer c = new Consumer(db);

        // 创建一个新的线程，关联 p 作为其任务，并启动该线程
        new Thread(p).start();

        // 创建另一个新的线程，关联 c 作为其任务，并启动该线程
        new Thread(c).start();
    }
}

// 定义一个独立类 Producer，实现 Runnable 接口
class Producer implements Runnable {

    // 定义成员变量 db，用于存储数据源引用
    DB db = null;

    // 构造方法，接收一个 DB 对象作为参数，并赋值给成员变量 db
    public Producer(DB db) {
        this.db = db;
```

```java
    }

    // 重写 Runnable 接口的 run()方法，定义线程执行的具体任务
    @Override
    public void run() {
        int i = 0;
        while (true) {
            if (i == 0) {
                // 将姓名为"刘庆杰"的男性数据放入 db
                db.put("刘庆杰", "男");
            } else {
                // 将姓名为"刘熙"的女性数据放入 db
                db.put("刘熙", "女");
            }

            // 更新计数器 i，使其在 0 和 1 之间交替变化
            i = (i + 1) % 2;
        }
    }
}

// 定义一个独立类 Consumer，同样实现 Runnable 接口
class Consumer implements Runnable {

    // 定义成员变量 db，用于存储数据源引用
    DB db = null;

    // 构造方法，接收一个 DB 对象作为参数，并赋值给成员变量 db
    public Consumer(DB db) {
        this.db = db;
    }

    // 重写 Runnable 接口的 run()方法，定义线程执行的具体任务
    @Override
    public void run() {
        // 使用无限循环从 db 中取出并打印数据
        while (true) {
            db.get();
        }
    }
}

// 定义一个独立类 DB，用于存储和交换数据
class DB {

    // 定义成员变量 name 和 sex，分别存储姓名和性别信息
    String name;
```

```java
String sex;

// 成员变量 full，标识 DB 是否已满（即是否有可用数据）
boolean full = false;

// 定义一个同步方法 put()，用于向 DB 中放入数据
public synchronized void put(String name, String sex) {

    // 如果 DB 已满，则当前线程进入等待状态
    if (full) {
        try {
            wait();
        } catch (InterruptedException e) {
            e.printStackTrace();
        }
    }

    // 设置姓名信息，并模拟短暂延迟
    this.name = name;
    try {
        Thread.sleep(10);
    } catch (InterruptedException e) {
        e.printStackTrace();
    }

    // 设置性别信息，并标记 DB 为已满
    this.sex = sex;
    full = true;

    // 唤醒等待的消费者线程
    notify();
}

// 定义另一个同步方法 get()，用于从 DB 中取出数据
public synchronized void get() {

    // 如果 DB 为空，则当前线程进入等待状态
    if (!full) {
        try {
            wait();
        } catch (InterruptedException e) {
            e.printStackTrace();
        }
    }

    // 打印姓名和性别信息，并标记 DB 为空
```

```
            System.out.println(name + "          " + sex);
            full = false;

            // 唤醒等待的生产者线程
            notify();
        }
    }
```

通过使用 synchronized 关键字和 wait/notify 机制，确保了生产者线程和消费者线程之间的同步交互，避免了数据竞争和死锁等问题。当 Producer 和 Consumer 线程启动后，它们将交替地向 db 中放入数据和从 db 中取出并打印数据。

4.2　IO

Java 中的 IO（Input/Output）是指程序与外部世界（如文件、网络、设备等）进行数据交换的过程。Java 提供了一套丰富的 IO API，其位于 java.io 包及其子包中，用于实现各种形式的数据输入和输出操作。以下是 Java IO 的核心概念和特性概述。

1. 流（Stream）的概念

流是 Java IO 的基本抽象，它代表数据的源（输入流）或目的地（输出流）。流可以看作数据流动的通道，允许程序按字节或字符逐个地读取或写入数据。流可以是字节流（处理原始二进制数据）或字符流（处理文本数据），并且可以进一步细分为节点流（直接连接到数据源或目的地）和处理流（包裹其他流，提供额外的功能，如缓冲、过滤、转换等）。

（1）流的分类。

1）字节流。

- InputStream 和 OutputStream：基类，用于处理二进制数据。
- 具体实现类如 FileInputStream、FileOutputStream（文件操作）、ByteArrayInputStream、ByteArrayOutputStream（内存缓冲）、ObjectInputStream、ObjectOutputStream（序列化/反序列化）等。

2）字符流。

- Reader 和 Writer：基类，用于处理 Unicode 编码的文本数据。
- 具体实现类如 FileReader、FileWriter（文件操作）、BufferedReader、BufferedWriter（带缓冲的文本流）、PrintWriter（方便打印文本）、InputStreamReader、OutputStreamWriter（字节流与字符流之间的桥梁）等。

（2）标准输入/输出流：Java 也提供了与操作系统标准输入（如键盘）和标准输出（如控制台）交互的流。

1）System.in：标准输入流，通常通过 Scanner 或 BufferedReader 类来读取用户输入。

2）System.out 和 System.err：标准输出流和标准错误流，分别用于正常输出和错误信息输出，常常通过 PrintStream 类进行操作。

2. 文件操作

除了流之外，Java IO 还提供了 java.io.File 类用于文件和目录的创建、删除、重命名、属性查询等操作。

3. 高级 IO 功能

随着 Java 的发展，java.nio 包引入了 New IO（NIO）API，其提供了更高效、非阻塞的 IO操作，具体如下：

（1）Channel：类似于流，但支持双向数据传输，并且可以与其他线程共享。

（2）Buffer：作为数据容器，提供批量数据读写的能力。

（3）Selector：用于单线程管理多个 Channel 的事件（如可读、可写）。

后来，Java 7 引入了 NIO.2（JSR-203），进一步增强了文件系统 API，增加了对文件锁定、异步文件 IO、路径操作等的支持。

4. 其他相关类与接口

（1）InputStreamReader 和 OutputStreamWriter：用于在字节流与字符流之间进行编码和解码转换。

（2）Serializable 接口：标记类为可序列化，以便使用字节流进行对象持久化。

（3）DataInput 和 DataOutput 接口：定义了一组用于读写基本数据类型的方法，常与字节流一起使用。

（4）ObjectInputValidation 接口：用于在反序列化过程中验证对象的完整性和安全性。

综上所述，Java IO 提供了一个全面且灵活的框架，支持与各种数据源和目标进行数据交互，涵盖了文件、网络、设备通信等多种场景，并通过流、通道、缓冲区等抽象有效地处理字节和字符数据，同时支持同步、异步、阻塞、非阻塞等多种操作模式，以适应不同应用程序的需求。随着技术的发展，Java IO API 不断进化，引入了更高效、功能更强大的组件，如 NIO和 NIO.2，以应对大规模、高性能的 IO 场景。

下面是用 Java 编写的与 IO 相关的案例。

4.2.1　硬盘的遍历

文本提示

利用 Java 语言编写一个程序用于模拟实现硬盘的遍历。

编程思路

（1）导入所需库：首先导入 java.io.File 类，以便处理文件和目录相关操作。

（2）定义 ListFiles 类：创建一个公共类 ListFiles，作为整个程序的主要逻辑载体。

（3）编写 main() 方法：作为程序的入口。

1）获取系统的根目录列表：使用 File.listRoots() 方法获取系统根目录列表，并将其赋值给File[] folders 变量。

2）遍历根目录：使用增强型 for 循环遍历 folders 数组。

3）检查目录的有效性：对每个根目录，使用 File.exists() 和 File.isDirectory() 方法判断其是否存在且为目录类型，根据判断结果执行相应操作。

4）递归扫描目录：调用 scanFiles() 方法，将当前有效的根目录作为参数传递。

（4）定义递归函数 scanFiles(File folder)。

1）获取目录内容：使用 File.listFiles() 方法获取指定目录下的所有文件和子目录，将结果赋值给 File[] files 变量。如果返回结果为 null（表示目录不存在或无法访问），则直接返回。

2）遍历文件和子目录：使用增强型 for 循环遍历 files 数组。

3）处理子目录：在循环体内，使用 file.isDirectory()判断当前项是否为目录。如果是，则递归调用 scanFiles()方法，将当前子目录作为参数传递。

4）处理文件：在循环体内，针对非目录项（即文件），使用 file.getAbsolutePath()获取其绝对路径，并通过 System.out.println()打印出来。

具体代码及解释如下：

```java
// 导入 java.io.File 类，用于处理文件和目录
import java.io.File;

// 定义 ListFiles 类
public class ListFiles {

    // 定义主方法，程序执行的入口
    public static void main(String[] args) {

        // 获取系统的根目录列表
        File[] folders = File.listRoots();

        // 遍历所有根目录
        for(File folder : folders) {

            // 检查当前目录是否存在且为目录类型
            if (folder.exists() && folder.isDirectory()) {
                // 调用 scanFiles()方法，递归扫描该目录及其子目录下的所有文件
                scanFiles(folder);
            } else {
                // 输出错误信息：指定的路径不存在或不是一个文件夹
                System.out.println("指定的路径不存在或不是一个文件夹");
            }

        }
    }

    // 定义私有静态方法 scanFiles()，用于递归扫描指定目录下的所有文件
    private static void scanFiles(File folder) {
        // 获取指定目录下的所有文件和子目录
        File[] files = folder.listFiles();
        if(files==null) return;      // 如果获取失败或目录为空，则直接返回

        // 遍历所有文件和子目录
        for (File file : files) {
            if (file.isDirectory()) {
                // 如果当前项为目录，则递归调用 scanFiles()方法继续扫描其内部文件
                scanFiles(file);
            } else {
                // 如果当前项为文件，则输出文件的绝对路径
```

```
                    System.out.println(file.getAbsolutePath());
                }
            }
        }
    }
```

4.2.2　硬盘中文件的查找

文本提示

编写一个 Java 程序实现在指定文件夹及其子目录下查找具有指定文件名（或包含指定字符串）的文件的功能。

编程思路

（1）导入所需库：首先导入 java.io.File 类，以便处理文件和目录相关操作。

（2）定义 FindFile 类：创建一个公共类 FindFile，作为整个程序的主要逻辑载体。

（3）编写 main()方法：作为程序的入口。

1）设置查找参数：定义两个字符串变量 folderPath 和 fileName，分别存储要查找文件的文件夹路径（例如"d:\"）和目标文件名（例如"aa"）；创建一个 File 对象 folder，指向指定的文件夹路径。

2）检查文件夹的有效性：使用 File.exists()和 File.isDirectory()方法判断指定文件夹是否存在且为目录类型，根据判断结果执行相应操作。

3）递归查找文件：调用 findFile()方法，将当前文件夹路径（folder 对象）和目标文件名作为参数传递。

（4）定义递归函数 findFile(File folder, String fileName)。

1）获取目录内容：使用 File.listFiles()方法获取指定文件夹下的所有文件和子目录，将结果赋值给 File[] files 变量。如果返回结果为 null（表示目录不存在或无法访问），则直接返回。

2）遍历文件和子目录：使用增强型 for 循环遍历 files 数组。

3）处理子目录：在循环体内，使用 file.isDirectory()判断当前项是否为目录。如果是，则递归调用 findFile()方法，将当前子目录和目标文件名作为参数传递。

4）处理文件：在循环体内，针对非目录项（即文件），使用 file.getName()获取文件名，然后使用 String.contains() 方法检查文件名是否包含目标字符串。若包含，则通过 file.getAbsolutePath()获取文件的绝对路径，并通过 System.out.println()打印出来。

具体代码及解释如下：

```java
// 导入 java.io.File 类，用于处理文件和目录
import java.io.File;

// 定义 FindFile 类
public class FindFile {

    // 定义主方法，程序执行的入口
    public static void main(String[] args) {
        // 设置要查找文件的文件夹路径（例如 D 盘根目录）
        String folderPath = "d:\\";
```

```java
    // 设置要查找的文件名（例如"aa"）
    String fileName = "aa";
    // 创建 File 对象，指向指定的文件夹路径
    File folder = new File(folderPath);

    // 检查指定的文件夹是否存在且为目录类型
    if (folder.exists() && folder.isDirectory()) {
        // 调用 findFile()方法，开始在指定文件夹及其子目录下查找指定文件名的文件
        findFile(folder, fileName);
    } else {
        // 输出错误信息：指定的路径不存在或不是一个文件夹
        System.out.println("指定的路径不存在或不是一个文件夹");
    }
}

// 定义私有静态方法 findFile()，用于递归查找指定文件夹及其子目录下指定文件名的文件
private static void findFile(File folder, String fileName) {
    // 获取指定文件夹下所有文件和子目录
    File[] files = folder.listFiles();

    if(files==null) return;        // 如果获取失败或目录为空，则直接返回

    // 遍历所有文件和子目录
    for (File file : files) {
        if (file.isDirectory()) {
            // 如果当前项为目录，则递归调用 findFile()方法继续查找
            findFile(file, fileName);
        } else {
            // 如果当前项为文件，则检查文件名是否包含指定字符串
            if(file.getName().contains(fileName)) {
                // 如果文件名包含指定字符串，则输出文件的绝对路径
                System.out.println(file.getAbsolutePath());
            }
        }
    }
}
```

4.2.3 文件夹的递归和删除

文本提示

用 Java 程序实现递归删除指定文件夹及其子目录下的所有文件和子目录的功能。

编程思路

（1）导入所需库：首先导入 java.io.File 类，以便处理文件和目录相关操作。

（2）定义 RecursiveDelete 类：创建一个公共类 RecursiveDelete，作为整个程序的主要逻辑载体。

（3）编写 main()方法：作为程序的入口。

1）设置待删除的文件夹路径：定义一个字符串变量 folderPath，存储要删除的文件夹路径（例如 "d:\aaaa"）；创建一个 File 对象 folder，指向指定的文件夹路径。

2）检查文件夹的有效性：使用 File.exists()和 File.isDirectory()方法判断指定文件夹是否存在且为目录类型，根据判断结果执行相应操作。

3）递归删除文件/目录：调用 recursiveDelete()方法，将当前待删除的文件夹对象 folder 作为参数传递。

（4）定义递归函数 recursiveDelete(File file)：实现递归删除指定文件或目录及其所有子文件和子目录的功能。

1）检查文件对象是否为空：若 file 对象为空，直接返回。

2）递归删除子文件/目录：若 file 对象为目录，则使用 file.listFiles()获取其下所有子文件和子目录；遍历这些子项，并对每个子项递归调用 recursiveDelete()函数。

3）删除当前文件/目录：若 file 对象为文件，则直接调用 file.delete()方法删除该文件，并输出提示信息，即 "已删除："+ file.getAbsolutePath()。

具体代码及解释如下：

```java
// 导入 java.io.File 类，用于处理文件和目录
import java.io.File;

// 定义 RecursiveDelete 类
public class RecursiveDelete {

    // 定义主方法，程序执行的入口
    public static void main(String[] args) {
        // 设置要删除的文件夹路径（例如 D 盘根目录下的 "aaaa" 文件夹）
        String folderPath = "d:\\aaaa";
        // 创建 File 对象，指向指定的文件夹路径
        File folder = new File(folderPath);

        // 检查指定的文件夹是否存在且为目录类型
        if (folder.exists() && folder.isDirectory()) {
            // 调用 recursiveDelete()方法，开始递归删除指定文件夹及其子目录下的所有文件和子目录
            recursiveDelete(folder);
        } else {
            // 输出错误信息：指定的路径不存在或不是一个文件夹
            System.out.println("指定的路径不存在或不是一个文件夹");
        }
    }

    // 定义私有静态方法 recursiveDelete()，用于递归删除指定文件或目录及其子文件和子目录
    private static void recursiveDelete(File file) {
        if(file==null)
            return;        // 如果 file 对象为空，则直接返回
```

```
            // 如果当前项为目录，则递归调用 recursiveDelete()方法删除其下所有文件和子目录
            if (file.isDirectory()) {
                File[] files = file.listFiles();

                for (File child : files) {
                    recursiveDelete(child);
                }
            }
            else {
                // 如果当前项为文件，则直接删除文件并输出提示信息
                file.delete();
                System.out.println("已删除：" + file.getAbsolutePath());
            }
        }
    }
```

4.2.4 文件内容的读写

📖 文本提示

利用 Java 程序使用 java.io.RandomAccessFile 类实现对指定文件的随机读写操作。

💬 编程思路

（1）导入所需库：导入 java.io 包，以便使用 RandomAccessFile 类等。

（2）定义 RandomAccessFileExample 类：创建一个公共类 RandomAccessFileExample，作为整个程序的主要逻辑载体。

（3）编写 main()方法：作为程序的入口。

1）创建 RandomAccessFile 对象：使用 RandomAccessFile 类的构造方法，指定文件路径为 "d:\test\333.txt"，以读写模式打开文件。

2）向文件中写入数据：使用 RandomAccessFile 对象的 writeBytes()、write()和 write(byte[], int, int)方法，分别向文件写入所需数据。

3）从文件中读取数据：使用 RandomAccessFile 对象的 read()、read(byte[])、read(byte[], int, int)、seek(long)、skipBytes(int)和 length()方法，配合字节数组和字符串转换，实现从文件中读取所需数据并输出。

4）关闭 RandomAccessFile 对象：调用 RandomAccessFile 对象的 close()方法，关闭文件以释放资源。

（4）异常处理：使用 try-catch 结构包裹以上操作，捕获并处理可能出现的 IOException 异常。

具体代码及解释如下：

```
// 导入 java.io 包下的所有类和接口，以便使用 RandomAccessFile 等类
import java.io.*;

// 定义 RandomAccessFileExample 类
public class RandomAccessFileExample {
    // 定义主方法，程序执行的入口
```

```java
public static void main(String[] args) {
    try {
        // 尝试执行以下代码块
        // 创建 RandomAccessFile 对象, 指定文件路径为 "d:\test\333.txt", 以读写模式打开文件
        RandomAccessFile raf = new RandomAccessFile("d:\\test\\333.txt", "rw");

        // 将字符串 "Hello World!" 写入文件
        raf.writeBytes("Hello World!");

        // 将文件指针移动到文件开头
        raf.seek(0);

        // 从当前位置读取一个字节, 并转换为 char 类型
        int ch = raf.read();
        System.out.println((char) ch);

        // 创建一个长度为 10 的字节数组, 用于存储读取的数据
        byte[] data = new byte[10];

        // 从当前位置开始读取 10 个字节到 data 数组中
        raf.read(data);

        // 将读取到的字节数组转换为字符串并输出
        System.out.println(new String(data));

        // 创建一个长度为 5 的字节数组, 用于存储读取的数据
        byte[] data2 = new byte[5];

        // 从当前位置开始读取 5 个字节到 data2 数组中, 起始索引为 0, 读取长度为 5
        raf.read(data2, 0, 5);

        // 将读取到的字节数组转换为字符串并输出
        System.out.println(new String(data2));

        // 将文件指针移动到文件末尾
        raf.seek(raf.length());

        // 在文件末尾写入一个字节, 值为 33
        raf.write(33);

        // 将字符串 "12345" 转换为字节数组, 并写入文件
        byte[] data3 = "12345".getBytes();
        raf.write(data3);

        // 将字符串 "abcde" 转换为字节数组, 从索引 1 开始写入 3 个字节到文件中
        byte[] data4 = "abcde".getBytes();
```

```
            raf.write(data4, 1, 3);

            // 将文件指针移动到文件开头
            raf.seek(0);

            // 跳过文件开头的 5 个字节
            raf.skipBytes(5);

            // 创建一个长度等于当前文件长度的字节数组，用于存储读取的数据
            byte[] data5 = new byte[(int) raf.length()];

            // 从当前位置开始读取剩余的所有字节到 data5 数组中
            raf.read(data5);

            // 将读取到的字节数组转换为字符串并输出
            System.out.println(new String(data5));

            // 关闭 RandomAccessFile 对象，释放资源
            raf.close();
        } catch (IOException e) {
            // 捕获并处理可能出现的 IOException 异常
            e.printStackTrace();
        }
    }
}
```

4.2.5 多线程读写文件中的内容

🔘 文本提示

定义一个 Java 的线程类，用于并发读取指定文件指定范围内的数据。

🔘 编程思路

（1）导入所需库：导入 java.io.IOException 和 java.io.RandomAccessFile 类，分别用于处理可能出现的 IO 异常和随机访问文件。

（2）定义 FileReaderThread 类，继承自 Thread 类。在类中定义成员变量，分别存储文件路径，读取范围的起始位置、结束位置及缓冲区大小。

（3）编写构造方法，用于初始化 FileReaderThread 类的成员变量。

（4）重写 Thread 类的 run()方法，实现线程任务。

1）在 run()方法中：使用 try-with-resources 语句创建 RandomAccessFile 对象，指定文件路径和只读模式，确保资源在使用完毕后自动关闭；将文件指针定位到起始位置；创建一个固定大小的字节数组作为缓冲区；循环读取文件数据，直至达到结束位置或无法读取更多数据。

2）每次读取时：使用 RandomAccessFile 对象的 read()方法读取指定数量的字节到缓冲区；将缓冲区中已读取的字节转换为字符串并输出；更新起始位置，使其增加已读字节数量；使用 try-catch 结构捕获并处理可能出现的 IOException 异常。

（5）定义 main()方法，作为程序的入口。在 main()方法中，设置示例参数：文件路径、读取范围的起始位置、结束位置，缓冲区大小。创建 FileReaderThread 对象，传入参数。启动线程，执行文件读取任务。

具体代码及解释如下：

```java
// 导入 java.io.IOException 类，用于处理可能出现的 IO 异常
import java.io.IOException;
// 导入 java.io.RandomAccessFile 类，用于随机访问文件
import java.io.RandomAccessFile;

// 定义 FileReaderThread 类，继承自 Thread 类
public class FileReaderThread extends Thread {
    // 定义成员变量，分别存储文件路径，读取范围的起始位置、结束位置及缓冲区大小
    private String filePath;
    private long start;
    private long end;
    private int bufferSize;

    // 构造方法，初始化成员变量
    public FileReaderThread(String filePath, long start, long end, int bufferSize) {
        this.filePath = filePath;
        this.start = start;
        this.end = end;
        this.bufferSize = bufferSize;
    }

    // 重写父类 Thread 的 run()方法，实现线程任务
    @Override
    public void run() {
        try (// 使用 try-with-resources 语句创建 RandomAccessFile 对象，自动关闭资源
            RandomAccessFile file = new RandomAccessFile(filePath, "r")) {
            // 将文件指针定位到起始位置
            file.seek(start);

            // 创建一个固定大小的字节数组作为缓冲区
            byte[] buffer = new byte[bufferSize];

            // 初始化已读字节数量
            int bytesRead = 0;

            // 当起始位置小于结束位置且还能从文件中读取到数据时，持续读取
            while (start < end && (bytesRead = file.read(buffer, 0, Math.min(buffer.length, (int)(end - start)))) != -1) {
                // 将缓冲区中已读取的字节转换为字符串并输出
                System.out.print(new String(buffer, 0, bytesRead));
```

```
                    // 更新起始位置，使其增加已读字节数量
                    start += bytesRead;
                }
            } catch (IOException e) {
                // 捕获并处理可能出现的 IOException 异常
                e.printStackTrace();
            }
        }

        // 定义主方法，程序执行的入口
        public static void main(String[] args) {
            // 设置示例参数：文件路径，读取范围的起始位置、结束位置，缓冲区大小
            String filePath = "d:\\test\\333.txt";
            long start = 10;
            long end = 20;
            int bufferSize = 1024;

            // 创建 FileReaderThread 对象，传入参数
            FileReaderThread thread = new FileReaderThread(filePath, start, end, bufferSize);

            // 启动线程，执行文件读取任务
            thread.start();
        }
    }
```

4.2.6　文件读写案例——使用 FileInputStream 和 FileOutputStream

📎 文本提示

编写 Java 程序，用 FileInputStream 和 FileOutputStream 实现从指定输入文件读取内容并将其复制到指定输出文件的功能。

📎 编程思路

（1）导入所需库：导入 java.io.FileInputStream、java.io.FileOutputStream 和 java.io.IOException 类，分别用于读取文件、写入文件及处理可能出现的 IO 异常。

（2）定义 FileReadWriteExample 类，其中包含主方法 main()。

（3）在 main()方法中，设置输入文件路径（例如"d:\33.txt"）和输出文件路径（例如"d:\33_copy.txt"），避免覆盖原始文件。接着调用 copyFile()方法，将输入文件内容复制到输出文件。

（4）定义私有静态方法 copyFile()，用于接收输入文件路径和输出文件路径作为参数，实现文件复制功能。在该方法中：创建一个 1KB 的字节数组作为缓冲区，用于临时存储读取的文件内容；使用 try-with-resources 语句创建 FileInputStream 和 FileOutputStream 对象，分别用于读取输入文件和写入输出文件，确保资源在使用完毕后自动关闭；循环读取输入文件内容，每次最多读取 1KB。对于每次读取的数据：将读取到的内容写入输出文件。

（5）使用 try-catch 结构捕获并处理可能出现的 IOException 异常，输出错误信息。

具体代码及解释如下：

```java
// 导入 java.io.FileInputStream 类，用于读取文件
import java.io.FileInputStream;
// 导入 java.io.FileOutputStream 类，用于写入文件
import java.io.FileOutputStream;
// 导入 java.io.IOException 类，用于处理可能出现的 IO 异常

// 定义 FileReadWriteExample 类
public class FileReadWriteExample {

    // 定义主方法，程序执行的入口
    public static void main(String[] args) {
        // 设置输入文件路径（例如 "d:\\33.txt"）
        String inputFile = "d:\\33.txt";
        // 设置输出文件路径（例如 "d:\\33_copy.txt"），避免覆盖原始文件
        String outputFile = "d:\\33_copy.txt";

        // 调用 copyFile()方法，将输入文件内容复制到输出文件
        copyFile(inputFile, outputFile);
    }

    // 定义私有静态方法 copyFile()，用于复制文件内容
    private static void copyFile(String inputFile, String outputFile) {
        // 创建一个 1KB 的字节数组作为缓冲区
        byte[] buffer = new byte[1024];
        // 初始化已读字节数量
        int bytesRead;

        try (// 创建 FileInputStream 和 FileOutputStream 对象，自动关闭资源
            FileInputStream fis = new FileInputStream(inputFile);
            FileOutputStream fos = new FileOutputStream(outputFile)) {

            // 循环读取输入文件内容，每次最多读取 1KB
            while ((bytesRead = fis.read(buffer)) != -1) {
                // 将读取到的内容写入输出文件
                fos.write(buffer, 0, bytesRead);
            }

        } catch (IOException e) {
            // 捕获并处理可能出现的 IOException 异常，输出错误信息
            System.err.println("读写文件时发生错误：" + e.getMessage());
        }
    }
}
```

4.2.7 包装流数据的读写

文本提示

编写一个 Java 程序，实现以下功能：

（1）定义四组不同类型的原始数据（整型、浮点型、布尔型、字符型）。

（2）使用 DataOutputStream 将这些数据写入指定文件。

（3）使用 DataInputStream 从同一文件读取并恢复这些数据。

（4）打印出恢复后的数据，验证读写操作的正确性

编程思路

（1）导入所需库：首先在程序顶部导入 java.io 包，以便使用 FileInputStream、FileOutputStream、DataInputStream 和 DataOutputStream 等类。

（2）定义主类及主方法：创建一个名称为 DataStreamExample 的公共类，并在其内部定义 main()方法作为程序入口。

（3）初始化待写入的数据：在 main()方法中，声明并初始化四个变量，分别代表整型、浮点型、布尔型和字符型的原始数据。

（4）创建 DataOutputStream 并写入数据。

1）创建 FileOutputStream 对象，指定要写入的文件路径（例如"d:\44.txt"）。

2）基于 FileOutputStream 创建 DataOutputStream 对象，用于将原始数据类型写入文件。

3）使用 DataOutputStream 的对应方法（如 writeInt()、writeDouble()、writeBoolean()、writeChar()），将之前初始化的各类型数据逐一写入文件。

（5）关闭 DataOutputStream：完成数据的写入后，调用 DataOutputStream 的 close()方法，释放系统资源。

（6）创建 DataInputStream 并读取数据。

1）创建 FileInputStream 对象，同样指定要读取的文件路径（与写入时的相同）。

2）基于 FileInputStream 创建 DataInputStream 对象，用于从文件中读取原始数据类型。

3）使用 DataInputStream 的对应方法（如 readInt()、readDouble()、readBoolean()、readChar()），从文件中依次读取各类型数据，并将其存储在相应类型的变量中。

（7）关闭 DataInputStream：读取数据完成后，调用 DataInputStream 的 close()方法，释放系统资源。

（8）打印读取到的数据：使用 System.out.println()语句，分别打印恢复后的整型、浮点型、布尔型和字符型数据，以验证读写操作的正确性。

具体代码及解释如下：

```
// 导入 java.io 包中的所有类和接口
import java.io.*;

// 定义一个名称为 DataStreamExample 的公共类
public class DataStreamExample {

    // 定义程序主入口方法
    public static void main(String[] args) throws IOException {
```

```java
// 定义要写入文件的原始数据
// 整型值 intValue 为 123
int intValue = 123;
// 浮点型值 doubleValue 为 4.56
double doubleValue = 4.56;
// 布尔型值 booleanValue 为 true
boolean booleanValue = true;
// 字符型值 charValue 为'a'
char charValue = 'a';

// 创建 FileOutputStream 对象,指定文件路径为 "d:\44.txt" 以打开或创建该文件
FileOutputStream fos = new FileOutputStream("d:\\44.txt");

// 创建 DataOutputStream 对象,使用 FileOutputStream 作为底层输出流
// 用于将原始数据类型写入文件
DataOutputStream dos = new DataOutputStream(fos);

// 使用 DataOutputStream 对象,分别将整型、浮点型、布尔型和字符型数据写入文件
dos.writeInt(intValue);
dos.writeDouble(doubleValue);
dos.writeBoolean(booleanValue);
dos.writeChar(charValue);

// 关闭 DataOutputStream,释放系统资源
dos.close();

// 创建 FileInputStream 对象,指定文件路径为 "d:\44.txt" 以打开该文件进行读取
FileInputStream fis = new FileInputStream("d:\\44.txt");

// 创建 DataInputStream 对象,使用 FileInputStream 作为底层输入流,用于从文件读取原始数据类型
DataInputStream dis = new DataInputStream(fis);

// 使用 DataInputStream 对象,从文件中依次读取整型、浮点型、布尔型和字符型数据
int readIntValue = dis.readInt();
double readDoubleValue = dis.readDouble();
boolean readBooleanValue = dis.readBoolean();
char readCharValue = dis.readChar();

// 关闭 DataInputStream,释放系统资源
dis.close();

// 打印读取到的数据
// 整型值为 readIntValue
System.out.println("int value: " + readIntValue);
// 浮点型值为 readDoubleValue
System.out.println("double value: " + readDoubleValue);
```

```
        // 布尔型值为 readBooleanValue
        System.out.println("boolean value: " + readBooleanValue);
        // 字符型值为 readCharValue
        System.out.println("char value: " + readCharValue);
    }
}
```

4.2.8　对象数据的读写

🔊 **文本提示**

编写一个 Java 程序，实现对象数据的读写功能，练习对象序列化与反序列化技术，具体要求如下：

（1）定义一个名称为 Student 的类，包含学号、姓名、课程和成绩四个属性，实现 Serializable 接口以支持序列化。在 Student 类中提供构造方法、get 方法及重写 toString()方法。

（2）在 main()方法中创建一个 Student 对象，初始化其属性。使用 ObjectOutputStream 将 Student 对象序列化并写入指定文件。使用 ObjectInputStream 从同一文件反序列化并恢复 Student 对象。打印恢复后的 Student 对象，验证读写操作的正确性。

💬 **编程思路**

（1）导入所需库：首先在程序顶部导入 java.io 包，以便使用 FileInputStream、FileOutputStream、ObjectInputStream 和 ObjectOutputStream 等类。

（2）定义 Student 类并实现 Serializable 接口：创建一个名称为 Student 的公共类，实现 Serializable 接口以支持序列化。

（3）声明并初始化类属性：在 Student 类中声明并初始化四个私有属性，分别为学号（整型）、姓名（字符串）、课程（字符串）和成绩（双精度浮点数）；同时，定义类的序列化版本号（serialVersionUID）为常量值 1L。

（4）定义构造方法：为 Student 类提供一个构造方法，接收学号、姓名、课程和成绩作为参数，用于初始化对象属性。

（5）提供 get 方法：为 Student 类的每个属性编写对应的 get 方法，以便外部访问这些属性。

（6）重写 toString()方法：在 Student 类中重写 toString()方法，返回包含所有属性信息的字符串表示形式。

（7）定义主类及主方法：在 Student 类中定义 main()方法作为程序入口。

（8）创建并初始化 Student 对象：在 main()方法中，创建一个 Student 对象，设置其学号、姓名、课程和成绩属性。

（9）序列化并写入 Student 对象：创建 FileOutputStream 对象，指定要写入的文件路径（例如："d:\55.txt"）；基于 FileOutputStream 创建 ObjectOutputStream 对象，用于将 Student 对象序列化并写入文件；使用 ObjectOutputStream 的 writeObject()方法，将 Student 对象写入文件。

（10）关闭 ObjectOutputStream：完成数据的写入后，调用 ObjectOutputStream 的 close()方法，释放系统资源。

（11）反序列化并读取 Student 对象：创建 FileInputStream 对象，同样指定要读取的文件路径（与写入时的相同）；基于 FileInputStream 创建 ObjectInputStream 对象，用于将文件反序列化并从中读取对象；使用 ObjectInputStream 的 readObject()方法，从文件中读取一个对象，并将其强制转换为 Student 类型。

（12）关闭 ObjectInputStream：读取数据完成后，调用 ObjectInputStream 的 close()方法，释放系统资源。

（13）打印读取到的 Student 对象：使用 System.out.println()语句，打印恢复后的 Student 对象的字符串表示形式，以验证读写操作的正确性。

具体代码及解释如下：

```java
// 导入 java.io 包中的所有类和接口
import java.io.*;

// 定义一个名称为 Student 的公共类，实现 Serializable 接口以支持序列化
public class Student implements Serializable {

    // 定义类的序列化版本号，常量值为 1L
    private static final long serialVersionUID = 1L;

    // 定义学生对象的属性：学号（整型）、姓名（字符串）、课程（字符串）和成绩（双精度浮点数）
    private int id;
    private String name;
    private String course;
    private double score;

    // 定义构造方法，接收学号、姓名、课程和成绩作为参数，用于初始化对象属性
    public Student(int id, String name, String course, double score) {
        this.id = id;
        this.name = name;
        this.course = course;
        this.score = score;
    }

    // 提供 get 方法，用于获取学号属性
    public int getId() {
        return id;
    }

    // 提供 get 方法，用于获取姓名属性
    public String getName() {
        return name;
    }

    // 提供 get 方法，用于获取课程属性
    public String getCourse() {
        return course;
    }
```

```java
// 提供 get 方法，用于获取成绩属性
public double getScore() {
    return score;
}

// 重写 toString()方法，返回包含所有属性信息的字符串表示形式
@Override
public String toString() {
    return "Student{" +
            "id=" + id +
            ", name='" + name + "\'" +
            ", course='" + course + "\'" +
            ", score=" + score +
            '}';
}

// 定义主方法，作为程序入口
public static void main(String[] args) throws IOException, ClassNotFoundException {

    // 创建一个 Student 对象，学号为 1，姓名为"Tom"，课程为"Java Programming"，成绩为 90.5
    Student student = new Student(1, "Tom", "Java Programming", 90.5);

    // 将 Student 对象写入文件
    // 创建 FileOutputStream 对象，指定文件路径为"d:\55.txt"
    FileOutputStream fos = new FileOutputStream("d:\\55.txt");

    // 创建 ObjectOutputStream 对象，使用 FileOutputStream 作为底层输出流
    // 用于将对象序列化并写入文件
    ObjectOutputStream oos = new ObjectOutputStream(fos);

    // 使用 ObjectOutputStream 对象的 writeObject()方法，将 Student 对象写入文件
    oos.writeObject(student);

    // 关闭 ObjectOutputStream，释放系统资源
    oos.close();

    // 从文件中读取 Student 对象
    // 创建 FileInputStream 对象，指定文件路径为"d:\55.txt"
    FileInputStream fis = new FileInputStream("d:\\55.txt");

    // 创建 ObjectInputStream 对象，使用 FileInputStream 作为底层输入流
    // 用于将文件反序列化并从中读取对象
    ObjectInputStream ois = new ObjectInputStream(fis);

    // 使用 ObjectInputStream 对象的 readObject()方法，从文件中读取一个对象
    // 将其强制转换为 Student 类型
```

```
        Student readStudent = (Student) ois.readObject();

        // 关闭 ObjectInputStream，释放系统资源
        ois.close();

        // 打印读取到的 Student 对象的字符串表示形式
        System.out.println(readStudent);
    }
}
```

4.2.9　内存流的读写

文本提示

请编写一个 Java 程序，使用 java.io 包中的字节流（Byte Streams）处理文件，完成以下任务：

（1）从指定的本地图片文件（如"d:\33.jpg"）中读取所有字节，将其存储在一个字节数组中。

（2）将该字节数组写入 ByteArrayOutputStream。

（3）从 ByteArrayOutputStream 创建 ByteArrayInputStream，并使用它将字节数据写入另一个指定的本地文件（如"d:\output.jpg"）。

编程思路

（1）导入所需类库：导入 java.io 包，以便使用其中的各种 IO 流类，如 FileInputStream、FileOutputStream、DataInputStream、ByteArrayInputStream、ByteArrayOutputStream 等。

（2）定义主类及主方法：创建一个公共类（如 ByteStreamExample），并在其中定义 main()方法作为程序入口。

（3）在主方法中定义文件路径：为输入文件（原图片）和输出文件（目标图片）分别指定路径（如"d:\33.jpg"和"d:\output.jpg"）。

（4）实现字节数据的读取：编写一个私有静态方法（如 readBytesFromFile()），用于接收文件路径作为参数。在该方法中，创建一个 File 对象指向输入文件路径，获取其大小，并根据文件大小初始化一个字节数组。使用 DataInputStream（包装 FileInputStream）读取文件内容，填充字节数组。返回读取到的字节数组。

（5）实现字节数据的写入：编写另一个私有静态方法（如 writeBytesToFile()），用于接收一个 ByteArrayInputStream 和输出文件路径作为参数。在该方法中，创建一个 FileOutputStream 指向输出文件路径。使用一个缓冲区（例如大小为 1KB 的字节数组）循环读取 ByteArrayInputStream 中的数据，并将读取到的数据写入 FileOutputStream，直到无数据可读。

（6）主方法中调用读写方法：在 main()方法中，按照以下顺序执行操作。调用 readBytesFromFile()方法，从输入图片文件中读取字节数组；创建一个 ByteArrayOutputStream，将字节数组写入其中；从 ByteArrayOutputStream()生成一个 ByteArrayInputStream；调用 writeBytesToFile()方法，使用 ByteArrayInputStream 将数据写入输出文件；关闭所有打开的流，确保资源被正确释放。

（7）异常处理：在 main()方法中，将上述读写操作置于 try-catch 结构内，捕获并处理可能出现的 IOException，打印堆栈跟踪。

具体代码及解释如下：

```java
// 导入 java.io 包中的所有类和接口
import java.io.*;

// 定义一个名称为 ByteStreamExample 的公共类
public class ByteStreamExample {

    // 定义程序主入口方法
    public static void main(String[] args) {

        // 定义输入文件（原图片）与输出文件（目标图片）的路径
        String inputFilePath = "d:\\33.jpg";
        String outputFilePath = "d:\\output.jpg";

        try {
            // 读取输入文件作为字节数组
            byte[] imageBytes = readBytesFromFile(inputFilePath);

            // 将字节数组写入 ByteOutputStream
            ByteArrayOutputStream byteOutStream = new ByteArrayOutputStream();
            byteOutStream.write(imageBytes);

            // 从 ByteOutputStream 生成的字节数组中创建 ByteInputStream，并将其中的数据写入输出文件
            ByteArrayInputStream byteInStream = new ByteArrayInputStream(byteOutStream.toByteArray());
            writeBytesToFile(byteInStream, outputFilePath);

            // 关闭 ByteOutputStream 和 ByteInputStream，释放系统资源
            byteOutStream.close();
            byteInStream.close();
        } catch (IOException e) {
            // 处理文件读写过程中可能抛出的异常
            e.printStackTrace();
        }
    }

    // 定义私有静态方法，从指定文件读取字节数组
    private static byte[] readBytesFromFile(String filePath) throws IOException {
        // 创建 File 对象，指向输入文件路径
        File file = new File(filePath);

        // 初始化字节数组，长度与文件大小一致
        byte[] fileData = new byte[(int) file.length()];

        // 使用 DataInputStream 从文件读取数据，并填充字节数组
        try (DataInputStream dis = new DataInputStream(new FileInputStream(file))) {
            dis.readFully(fileData);
```

```
        }

        // 返回读取到的字节数组
        return fileData;
    }

    // 定义私有静态方法，将字节输入流中的数据写入指定文件
    private static void writeBytesToFile(ByteArrayInputStream byteInStream, String filePath) throws
IOException {
        // 创建 FileOutputStream，指向输出文件路径
        try (FileOutputStream fos = new FileOutputStream(filePath)) {
            // 初始化缓冲区，大小为 1KB
            byte[] buffer = new byte[1024];

            // 循环读取字节输入流中的数据，直至无数据可读
            int bytesRead;
            while ((bytesRead = byteInStream.read(buffer)) != -1) {
                // 将读取到的数据写入文件输出流
                fos.write(buffer, 0, bytesRead);
            }
        }
    }
}
```

4.2.10　压缩流的读写

1. 使用 ZipOutputStream

🔊 文本提示

用 Java 实现如下功能：

（1）将一组字符串（模拟文件内容）写入临时文件。

（2）使用 ZipOutputStream 将这些临时文件压缩到一个 ZIP 文件中。

💬 编程思路

（1）导入所需类库：导入 java.io 包和 java.util.zip 包，以便使用其中的 FileOutputStream、FileInputStream、FileWriter、ZipOutputStream、ZipEntry 等类。

（2）定义主类及主方法：创建一个公共类（如 ZipOutputStreamExample），并在其中定义 main()方法作为程序入口。

（3）定义待压缩的数据及路径：在 main()方法中，定义要压缩打包的字符串数组（模拟文件内容），以及文件夹路径（存放临时文件及最终的压缩文件）、压缩文件的输出路径（包含文件名）。

（4）创建压缩文件：创建 FileOutputStream 对象，用于创建或覆盖指定路径的压缩文件。创建 ZipOutputStream 对象，使用 FileOutputStream 作为底层输出流，用于写入压缩数据。

（5）遍历待压缩的数据：遍历待压缩的字符串数组。对每个字符串，构建临时文件名（模拟要压缩的文件）；创建 FileWriter 对象，将字符串数据写入临时文件；关闭 FileWriter，释放

资源；创建 FileInputStream 对象，读取临时文件内容。创建 ZipEntry 对象，指定当前要压缩的文件名；将 ZipEntry 添加到 ZipOutputStream，准备写入压缩数据；初始化缓冲区，大小为 1KB；循环读取临时文件内容，将其写入 ZipOutputStream；关闭 FileInputStream，释放资源。

（6）关闭流并完成压缩：关闭 ZipOutputStream，完成压缩操作；关闭 FileOutputStream，释放资源。

（7）打印消息，表明文件压缩成功。

（8）异常处理：在 main()方法中，将上述创建临时文件、压缩文件的操作置于 try-catch 结构内，捕获并处理可能出现的 IOException，打印堆栈跟踪。

具体代码及解释如下：

```java
// 导入 java.io 包中的所有类和接口，包括 FileOutputStream、FileInputStream 等
import java.io.*;

// 导入 java.util.zip 包中的所有类和接口，包括 ZipOutputStream、ZipEntry 等
import java.util.zip.*;

// 定义一个名称为 ZipOutputStreamExample 的公共类
public class ZipOutputStreamExample {

    // 定义程序主入口方法
    public static void main(String[] args) {

        // 定义要压缩打包的字符串数组（模拟文件内容）
        String[] data = {"aaa", "bbb", "ccc"};

        // 定义文件夹路径（存放临时文件及最终的压缩文件）
        String folderPath = "d:\\";

        // 指定压缩文件的输出路径（包含文件名）
        String zipFilePath = folderPath + "demo.zip";

        try {
            // 创建 FileOutputStream 对象，用于创建或覆盖指定路径的压缩文件
            FileOutputStream fos = new FileOutputStream(zipFilePath);

            // 创建 ZipOutputStream 对象，使用 FileOutputStream 作为底层输出流，用于写入压缩数据
            ZipOutputStream zipOut = new ZipOutputStream(fos);

            // 遍历待压缩的字符串数组
            for (int i = 0; i < data.length; i++) {

                // 构建临时文件名（模拟要压缩的文件）
                String fileName = folderPath + (i + 1) + ".txt";

                // 创建 FileWriter 对象，将字符串数据写入临时文件
                FileWriter fileWriter = new FileWriter(fileName);
```

```
            fileWriter.write(data[i]);
            fileWriter.close();

            // 创建 FileInputStream 对象，读取临时文件内容
            FileInputStream fis = new FileInputStream(fileName);

            // 创建 ZipEntry 对象，指定当前要压缩的文件名
            ZipEntry zipEntry = new ZipEntry((i + 1) + ".txt");

            // 将 ZipEntry 添加到 ZipOutputStream，准备写入压缩数据
            zipOut.putNextEntry(zipEntry);

            // 初始化缓冲区，大小为 1KB
            byte[] bytes = new byte[1024];
            int length;

            // 循环读取临时文件内容，将其写入 ZipOutputStream
            while ((length = fis.read(bytes)) >= 0) {
                zipOut.write(bytes, 0, length);
            }

            // 关闭 FileInputStream，释放资源
            fis.close();
        }

        // 关闭 ZipOutputStream，完成压缩操作
        zipOut.close();

        // 关闭 FileOutputStream，释放资源
        fos.close();

        // 打印消息，表明文件压缩成功
        System.out.println("Files compressed successfully.");
    } catch (IOException e) {
        // 处理文件读写、压缩过程中可能抛出的异常
        e.printStackTrace();
    }
    }
}
```

2. 使用 ZipInputStream

文本提示

使用 Java 的 ZipInputStream 类将一个 ZIP 文件解压到指定目录，读取并打印解压后的文件内容。

编程思路

（1）导入所需类库：导入 java.io 包和 java.util.zip 包，以便使用其中的 File、FileInputStream、

FileOutputStream、ZipInputStream、ZipEntry 等类。

（2）定义主类及主方法：创建一个公共类（例如 ZipInputStreamExample），并在其中定义 main()方法作为程序入口。

（3）定义文件路径：在 main()方法中，指定要解压的 ZIP 文件路径（例如"d:\demo.zip"）和解压后文件的输出目录路径（例如"d:\output\"）。

（4）创建输出目录：检查输出目录是否存在，如果不存在则创建。

（5）实现文件的解压：创建 FileInputStream 对象，指向要解压的 ZIP 文件。创建 ZipInputStream 对象，包装 FileInputStream，用于读取 ZIP 文件中的压缩数据。使用 getNextEntry() 方法获取 ZIP 文件中的第一个 ZipEntry（即压缩的文件），后续通过此方法循环获取下一个 ZipEntry。对每个 ZipEntry，构建解压后文件的完整路径（包含文件名），创建 FileOutputStream 对象指向该路径。读取 ZipInputStream 中的数据，写入 FileOutputStream，直至无数据可读。关闭 FileOutputStream，完成文件的解压。重复上面的步骤，直至遍历完所有 ZipEntry。关闭 ZipInputStream 和 FileInputStream，释放资源。

（6）打印解压后的文件内容：获取解压后目录下的所有文件（使用 listFiles()方法）；对每个文件，创建 FileInputStream 对象，读取文件内容；读取 FileInputStream 中的数据，打印到控制台，直至无数据可读；关闭 FileInputStream，释放资源；换行，便于区分不同文件的内容。

（7）异常处理：在 main()方法中，将上述解压和读取文件内容的操作置于 try-catch 结构内，捕获并处理可能出现的 IOException，打印堆栈跟踪。

具体代码及解释如下：

```java
// 导入 java.io 包中的所有类和接口，包括 FileInputStream、FileOutputStream、File 等
import java.io.*;

// 导入 java.util.zip 包中的所有类和接口，包括 ZipInputStream、ZipEntry 等
import java.util.zip.*;

// 定义一个名称为 ZipInputStreamExample 的公共类
public class ZipInputStreamExample {

    // 定义程序主入口方法
    public static void main(String[] args) {

        // 指定要解压的 ZIP 文件路径
        String zipFilePath = "d:\\demo.zip";

        // 指定解压后文件的输出目录路径
        String outputFolderPath = "d:\\output\\";

        try {
            // 创建 File 对象，指向输出目录路径
            File outputFolder = new File(outputFolderPath);

            // 如果输出目录不存在，则创建该目录
            if (!outputFolder.exists()) {
```

```
            outputFolder.mkdir();
    }

    // 创建 FileInputStream 对象，用于读取指定的 ZIP 文件
    FileInputStream fis = new FileInputStream(zipFilePath);

    // 创建 ZipInputStream 对象，使用 FileInputStream 作为底层输入流，用于读取压缩的数据
    ZipInputStream zipIn = new ZipInputStream(fis);

    // 获取第一个 ZipEntry，后续通过 getNextEntry()获取下一个 ZipEntry
    ZipEntry entry = zipIn.getNextEntry();

    // 循环遍历 ZIP 文件中的所有条目（即压缩的文件）
    while (entry != null) {

        // 构建解压后文件的完整路径（包含文件名）
        String filePath = outputFolderPath + entry.getName();

        // 创建 FileOutputStream 对象，用于写入解压后的文件
        FileOutputStream fos = new FileOutputStream(filePath);

        // 初始化缓冲区，大小为 1KB
        byte[] bytes = new byte[1024];

        // 循环读取 ZipInputStream 中的数据，并写入 FileOutputStream
        int length;
        while ((length = zipIn.read(bytes)) >= 0) {
            fos.write(bytes, 0, length);
        }

        // 关闭 FileOutputStream，完成文件的解压
        fos.close();

        // 移动到下一个 ZipEntry
        entry = zipIn.getNextEntry();
    }

    // 关闭 ZipInputStream，释放资源
    zipIn.close();

    // 关闭 FileInputStream，释放资源
    fis.close();

    // 打印消息，表明文件解压成功
    System.out.println("Files extracted successfully.");

    // 读取并打印解压后的文件内容
```

```
        File[] files = outputFolder.listFiles();
        for (File file : files) {
            System.out.println("File: " + file.getName());

            // 创建 FileInputStream 对象，读取解压后的文件内容
            FileInputStream fileIn = new FileInputStream(file);

            // 初始化缓冲区，大小为 1KB
            byte[] bytes = new byte[1024];

            // 循环读取文件内容，打印到控制台
            int length;
            while ((length = fileIn.read(bytes)) >= 0) {
                String str = new String(bytes, 0, length);
                System.out.print(str);
            }

            // 关闭 FileInputStream，释放资源
            fileIn.close();

            // 换行，便于区分不同文件的内容
            System.out.println();
        }
    } catch (IOException e) {
        // 处理文件的读写、解压过程中可能抛出的异常
        e.printStackTrace();
    }
  }
}
```

4.2.11 PDF 的输出

文本提示

用 Java 实现一个简单 PDF 文档的生成功能。

编程思路

（1）导入所需库：引入 iText 库中的 com.itextpdf.text.Document、com.itextpdf.text. DocumentException、com.itextpdf.text.Paragraph 和 com.itextpdf.text.pdf.PdfWriter 类，这些是生成 PDF 文档所必需的。引入 Java 标准库中的 java.io.FileOutputStream 和 java.io.FileNotFound Exception 类，用于文件的输出和异常处理。

（2）定义主类：创建名称为 PDFWriterExample 的公共类，作为程序的主体。

（3）实现主方法：在 main()方法中执行 PDF 生成逻辑。

（4）初始化 PDF 文档：使用 new Document()创建一个 Document 对象，代表即将生成的 PDF 文档。

（5）设置 PDF 的输出路径及创建 PdfWriter 对象：调用 PdfWriter.getInstance(document, new FileOutputStream("d:\\output.pdf"))，将 Document 对象与 PdfWriter 实例关联，并指定 PDF 文档

的输出路径。

（6）打开文档并添加内容：调用 document.open()打开文档，以便开始写入内容。使用 document.add(new Paragraph("Hello, World!"))向文档中添加一个包含"Hello, World!"文本的段落。

（7）关闭文档：调用 document.close()完成文档内容的写入并关闭文档。

（8）异常处理：使用 try-catch 结构捕获并处理可能出现的 FileNotFoundException（当指定的输出文件路径不存在或无法访问时）和 DocumentException（与 PDF 文档生成过程中的其他错误有关）。

（9）提示信息：当程序正常执行完毕且 PDF 文档成功生成时，在控制台输出"PDF 文档已生成。"的消息，通知用户操作已完成。

具体代码及解释如下：

```java
// 引入用于生成 PDF 文档的 iText 库的相关类
import com.itextpdf.text.Document;
import com.itextpdf.text.DocumentException;
import com.itextpdf.text.Paragraph;
import com.itextpdf.text.pdf.PdfWriter;

// 引入 Java 标准库中的 FileOutputStream 类，用于文件的输出
import java.io.FileOutputStream;
import java.io.FileNotFoundException;

// 定义名称为 PDFWriterExample 的公共类
public class PDFWriterExample {

    // 定义程序主入口方法
    public static void main(String[] args) {
        // 创建一个 Document 对象，代表即将生成的 PDF 文档
        Document document = new Document();

        try {
            // 创建一个 PdfWriter 对象，与 Document 关联，并指定 PDF 文档的输出路径
            PdfWriter.getInstance(document, new FileOutputStream("d:\\output.pdf"));

            // 打开文档，开始写入内容
            document.open();

            // 向文档中添加一个段落，内容为"Hello, World!"
            document.add(new Paragraph("Hello, World!"));

            // 完成文档内容的写入，关闭文档
            document.close();

            // 输出提示信息，告知用户 PDF 文档已成功生成
            System.out.println("PDF 文档已生成。");
```

```
        } catch (FileNotFoundException e) {
            // 捕获并处理文档找不到异常
            e.printStackTrace();
        } catch (DocumentException e) {
            // 捕获并处理与文档生成相关的异常
            e.printStackTrace();
        }
    }
}
```

4.2.12 Excel 的读写

🔊 文本提示

编写一段代码，使用 Apache POI 库创建一个 Excel 文件（.xlsx 格式），包含一个名称为"student"的工作表。工作表内应有以下数据：

（1）四名学生的记录，每条记录包括学生名、姓氏及年龄。

（2）学生记录按照第一列为学生名，第二列为姓氏，第三列为年龄的格式排列。

（3）请确保程序能正确识别数据类型，并将数据写入对应的单元格。最终将生成的 Excel 文件保存到路径"d:\output.xlsx"。

😊 编程思路

（1）导入所需库：导入 java.io.FileOutputStream 和 java.io.IOException 以处理文件输出操作；导入 Apache POI 库的相关类，如 org.apache.poi.ss.usermodel.Cell、org.apache.poi.ss.usermodel. Row、org.apache.poi.ss.usermodel.Sheet 和 org.apache.poi.ss.usermodel.XSSFWorkbook，用于创建和操作 Excel 文件。

（2）定义主类：创建一个名称为 ExcelWriterExample 的公共类。

（3）编写主方法：在主方法 main(String[] args)中实现整个逻辑流程。

（4）创建工作簿：使用 XSSFWorkbook()构造函数新建一个工作簿对象，表示即将生成的 Excel 文件。

（5）创建工作表：调用工作簿对象的 createSheet()方法，创建一个名称为"student"的工作表。

（6）准备数据：定义一个二维对象数组，存储四名学生的记录。每条记录作为一个对象数组，包含学生名（字符串）、姓氏（字符串）和年龄（整型）。

（7）将数据写入工作表：初始化行索引 rowNum 和列索引 colNum 为 0。遍历数据数组，对每一行数据执行以下操作，创建一个新的 Row 对象，通过 sheet.createRow(rowNum++)方法添加到当前工作表。遍历当前行的所有字段（学生名、姓氏、年龄），执行以下操作，创建一个新的 Cell 对象，通过 row.createCell(colNum++)方法添加到当前行。判断字段的类型，分别调用 setCellValue()方法设置单元格的值，若为字符串或整型，则直接设置。

（8）保存文件：使用 FileOutputStream 构造函数创建一个输出流，指向目标文件路径"d:\output.xlsx"。调用工作簿对象的 write(outputStream)方法，将数据写入输出流。调用 workbook.close()关闭工作簿，释放资源。打印消息"Excel 文件已生成。"，表明操作成功。

（9）异常处理：使用 try-catch 结构包裹文件写入和关闭过程，捕获可能出现的 IOException，并在 catch 结构中打印堆栈跟踪信息，以便调试。

具体代码及解释如下：

```java
// 导入 Java 标准库中的 FileOutputStream 类，用于将数据写入文件
import java.io.FileOutputStream;
// 导入 Java 标准库中的 IOException 类，用于处理文件读写操作中可能抛出的异常
import java.io.IOException;

// 导入 Apache POI 库中与 Excel 操作相关的类
import org.apache.poi.ss.usermodel.Cell;                // 单元格对象
import org.apache.poi.ss.usermodel.Row;                 // 行对象
import org.apache.poi.ss.usermodel.Sheet;               // 工作表对象
import org.apache.poi.xssf.usermodel.XSSFWorkbook;      // 用于处理 XLSX 格式的 Excel 文件的工作簿对象

// 定义一个名称为 ExcelWriterExample 的公共类
public class ExcelWriterExample {

    // 定义主方法，程序执行的入口
    public static void main(String[] args) {
        // 创建一个 XSSFWorkbook 对象，表示新的 Excel 工作簿
        XSSFWorkbook workbook = new XSSFWorkbook();

        // 创建一个 Sheet 对象，命名为 "student"，作为工作簿中的一张工作表
        Sheet sheet = workbook.createSheet("student");

        // 定义多行数据，每行为一个对象数组，包含学生名、姓氏和年龄
        Object[][] data = {
                {"John", "Doe", 30},
                {"Jane", "Doe", 25},
                {"Bob", "Smith", 45},
                {"Alice", "Smith", 35}
        };

        // 将数据写入 Sheet 对象中，按行遍历数据数组
        int rowNum = 0;
        System.out.println("正在生成 Excel 文件...");
        for (Object[] rowData : data) {
            // 对于每一行数据，创建一个新的 Row 对象
            Row row = sheet.createRow(rowNum++);

            // 按列遍历当前行的数据字段
            int colNum = 0;
            for (Object field : rowData) {
                // 创建一个新的 Cell 对象，表示当前行、当前列的单元格
                Cell cell = row.createCell(colNum++);
```

```
                    // 根据数据类型设置单元格的值
                    if (field instanceof String) {
                        cell.setCellValue((String) field);          // 字符串类型数据
                    } else if (field instanceof Integer) {
                        cell.setCellValue((Integer) field);         // 整数类型数据
                    }
                }
            }

            // 将 Workbook 对象写入指定路径的输出文件（d:\output.xlsx）
            try {
                FileOutputStream outputStream = new FileOutputStream("d:\\output.xlsx");
                workbook.write(outputStream);          // 写入数据
                workbook.close();                      // 关闭工作簿以释放资源
                System.out.println("Excel 文件已生成。");
            } catch (IOException e) {
                // 处理写入文件过程中可能发生的异常
                e.printStackTrace();
            }
        }
    }
```

4.2.13　PPT 的输出

🐷▶ **文本提示**

请根据以下需求编写一个 Java 程序，使用 Apache POI 库创建一个包含单张幻灯片的
PowerPoint 文件（PPTX 格式），并设置该幻灯片的标题和正文内容。程序编写完成后，将 PPT
文件保存到指定的本地路径。

💬▶ **编程思路**

（1）初始化环境：导入所需库，确保能够操作 PPT 文件和处理 IO 流；定义主类
PPTWriterExample，作为程序的主要承载结构。

（2）实现主方法：在 main()方法中创建一个 XMLSlideShow 实例，代表待创建的 PPT 文
件；调用 createSlide()方法添加一张初始幻灯片到 PPT 文件中；使用 createTitle()方法设置幻灯
片的标题，提供标题文本作为参数；使用 createBodyContent()方法设置幻灯片的正文内容，提
供正文文本作为参数；调用 savePPT()方法将生成的 PPT 文件保存到指定路径；输出提示信息，
确认 PPT 文件已成功生成。

（3）实现辅助方法。

1）createTitle()方法：从幻灯片中查找标题占位符。对找到的占位符进行样式设置（字体大
小、字体颜色、文本内容）并返回修改后的 RichTextRun 对象。若未找到占位符，则抛出异常。

2）createBodyContent()方法：创建一个垂直居中对齐的文本框，设置其位置、大小及内部
文本样式。分割输入的正文文本，按行添加到文本框中，并在每行后插入换行。

3）savePPT()方法：使用 try-with-resources 语句安全地打开一个 FileOutputStream，指向指
定的输出路径。将整个 XMLSlideShow 对象的内容写入输出流，完成 PPT 文件的保存。

具体代码及解释如下：

```java
// 导入 Apache POI 库中与 PPT 内容操作相关的类
import org.apache.poi.sl.usermodel.*;
// 导入 Apache POI 库中处理 PPTX 文件格式的类
import org.apache.poi.xslf.usermodel.*;

// 导入 Java IO 流相关的类，用于文件的输出
import java.io.FileOutputStream;
import java.io.IOException;

// 定义主类 PPTWriterExample
public class PPTWriterExample {

    // 主方法，程序入口
    public static void main(String[] args) throws IOException {
        // 创建一个 PPT 文件对象
        XMLSlideShow ppt = new XMLSlideShow();

        // 向 PPT 文件中添加一张新的幻灯片
        Slide slide = ppt.createSlide();

        // 创建并设置幻灯片的标题
        RichTextRun titleRun = createTitle(slide, "My PowerPoint Presentation");

        // 创建并设置幻灯片的正文内容
        createBodyContent(slide, "This is the first slide of the presentation.\nLet's add some more content here.");

        // 将 PPT 文件保存到磁盘的指定路径
        savePPT(ppt, "output.pptx");

        // 输出提示信息，告知用户 PPT 文件已成功生成
        System.out.println("PPT 文件已生成：output.pptx");
    }

    // 定义私有静态方法，用于创建幻灯片的标题
    private static RichTextRun createTitle(Slide slide, String titleText) {
        // 获取当前幻灯片的标题占位符
        Shape<?, ?> titleShape = slide.getTitle();
        if (titleShape != null) {
            // 将占位符转换为可编辑文本形状
            RichTextShape<?, ?> richTextShape = (RichTextShape<?, ?>) titleShape;
            // 获取占位符内第一个文本段落的第一个文本运行，并设置其样式
            RichTextRun titleRun = richTextShape.getTextParagraphs().get(0).getTextRuns().get(0);
            titleRun.setFontSize(48.0);                 // 设置字体大小
            titleRun.setFontColor(Color.BLACK);         // 设置字体颜色
            titleRun.setText(titleText);                // 设置文本内容
```

```
        return titleRun;                         // 返回已设置好的标题文本运行对象
    } else {
        // 如果没有找到标题占位符，则抛出异常
        throw new IllegalStateException("No title placeholder found on slide.");
    }
}


// 定义私有静态方法，用于创建幻灯片的正文内容
private static void createBodyContent(Slide slide, String bodyText) {
    // 创建一个垂直居中显示的文本框
    TextBox textBox = slide.createTextBox();
    textBox.setAnchor(new Rectangle2D.Double(100, 200, ¾00, ¼00));    // 设置文本框的位置和大小
    textBox.setVerticalAlignment(VerticalAlignment.MIDDLE);            // 设置垂直居中对齐

    // 获取文本框内第一个文本段落的第一个文本运行，并设置其样式
    RichTextRun textRun = textBox.getTextParagraphs().get(0).getTextRuns().get(0);
    textRun.setFontSize(24.0);           // 设置字体大小
    textRun.setFontColor(Color.BLACK);   // 设置字体颜色

    // 按照换行符分割输入的文本，逐行添加到文本框中，并在每行之间添加换行
    for (String line : bodyText.split("\n")) {
        textRun.appendText(line);        // 添加一行文本
        textRun.addLineBreak();          // 添加一个换行
    }
}


// 定义私有静态方法，用于保存 PPT 文件到指定路径
private static void savePPT(XMLSlideShow ppt, String outputPath) throws IOException {
    // 使用 try-with-resources 语句创建并打开一个 FileOutputStream 对象，用于写入 PPT 文件
    try (FileOutputStream out = new FileOutputStream(outputPath)) {
        // 将 PPT 对象写入输出流，完成文件的保存
        ppt.write(out);
    }
}
}
```

4.3　GUI

　　Java 中的图形用户界面（Graphical User Interface，GUI）是指使用 Java 开发的图形化应用程序界面，它允许用户通过直观的图形元素（如窗口、按钮、菜单、输入框、列表、滚动条、复选框、单选按钮等）与计算机进行交互，而非依赖纯文本的命令行接口（Command-Line Interface，CLI）。Java GUI 编程旨在提供用户友好、易于理解和操作的界面，使应用程序的功能更加可视化和便捷。以下是 Java GUI 的关键特点和组成部分概述。

1. 组件与容器

组件（Component）：Java GUI 的基本构建块，它们是用户可以看见并与之交互的对象。组件包括按钮、输入框、标签、滚动条、列表、树、表格等各种控件，每个组件都具有特定的外观、行为和事件响应能力。

容器（Container）：组件不能独立存在，必须放置在容器中才能被显示。容器可以容纳其他组件或子容器，形成层次结构。常见的容器包括 JFrame（窗口）、JPanel（面板）、JDialog（对话框）和 JScrollPane（滚动面板）等。容器负责管理和布局其内部的组件。

2. 布局管理器

布局管理器（LayoutManager）负责决定容器中组件的排列方式和大小。Java 提供了多种内置布局管理器，具体如下：

（1）FlowLayout：组件从左到右、从上到下依次排列。

（2）BorderLayout：容器分为五个区域（东、西、南、北、中），组件放置在相应区域。

（3）GridLayout：组件按照网格布局排列。

（4）BoxLayout：组件沿水平或垂直方向线性排列。

（5）GridBagLayout：灵活的网格布局，支持复杂的定位和大小调整。

开发者可以根据应用需求选择合适的布局管理器或自定义布局策略。

3. 事件处理

事件驱动编程模型：Java GUI 应用程序基于事件驱动编程模型工作。用户与组件的交互（如单击按钮、输入文本、滑动滚动条等）触发事件，这些事件由系统自动分发给相应的事件处理器。

事件监听器与事件适配器：

（1）事件监听器（EventListener）：定义了响应特定事件的接口。例如，ActionListener 用于处理按钮单击事件，MouseListener 处理鼠标事件，KeyListener 处理键盘事件等。

（2）事件适配器（EventAdapter）：提供空实现的监听器类，开发者可以通过继承适配器类并仅覆盖感兴趣的方法，简化监听器的实现过程。

4. GUI 工具包与 API

Java 提供了以下两个主要的 GUI 工具包：

（1）AWT（Abstract Window Toolkit）：Java 早期的图形界面工具包，提供了基本的跨平台 GUI 组件和布局管理器。AWT 组件是重量级的，即它们依赖底层操作系统提供的原生 GUI 资源。

（2）Swing：作为 AWT 的扩展，Swing 是轻量级的 GUI 工具包，完全由 Java 编写，不直接依赖操作系统原生组件。Swing 提供了更丰富、更灵活的组件集，更好的外观定制能力（例如使用 Look and Feel 统一应用程序风格），以及更先进的布局管理器。Swing 通常被认为是构建现代 Java GUI 应用的首选。

5. 开发流程

开发一个 Java GUI 应用程序通常涉及以下步骤：

（1）设计界面布局：确定所需的组件及其在容器中的布局方式。

（2）创建组件与容器：使用 Java 代码或 IDE 的 GUI 构建工具创建组件和容器对象。

（3）设置布局管理器：为容器选择并设置合适的布局管理器。

（4）添加组件到容器：将组件添加到对应的容器中。

（5）注册事件监听器：为组件关联事件监听器，实现事件处理逻辑。

（6）显示界面：通常通过调用容器对象（如 JFrame）的 setVisible(true)方法使其可见。

6. 代码示例（简略版）

```java
import javax.swing.*;
import java.awt.*;

public class SimpleGUIExample {
    public static void main(String[] args) {
        // 创建窗口
        JFrame frame = new JFrame("Simple GUI");
        frame.setDefaultCloseOperation(JFrame.EXIT_ON_CLOSE);

        // 添加内容到窗口
        JLabel label = new JLabel("Hello, Java GUI!");
        frame.getContentPane().add(label);

        // 设置窗口大小与位置
        frame.setSize(300, 100);
        frame.setLocationRelativeTo(null);

        // 显示窗口
        frame.setVisible(true);
    }
}
```

以上代码展示了创建一个简单的 Java Swing GUI 应用程序的基本过程：首先创建一个 JFrame 窗口，然后添加一个 JLabel 组件，并设置窗口属性，最后显示窗口。这只是一个非常基础的例子，实际的 GUI 开发可能涉及更复杂的组件组合、布局管理、事件处理及样式定制等。

下面的例子是 Java 中的 GUI 开发的常见实例。

4.3.1 计算器界面

🔊 **文本提示**

编写一个 Java 程序，使用 Java AWT 库创建一个简单的计算器用户界面（User Interface，UI）。

💬 **编程思路**

（1）初始化环境：导入 Java AWT 库中的基本组件类和事件处理类。

（2）定义主类：创建一个名称为 SimpleCalculatorUI 的类，继承自 Frame，作为计算器 UI 的主体。

（3）声明组件变量：在类中声明三个 TextField 对象，分别用于输入两个数值和显示计算结果。

（4）实现构造方法：设置窗口布局为 FlowLayout，使组件水平排列；创建并初始化两个数值输入框、一个结果展示框和一个运算符选择框；将所有组件按顺序添加到窗口中；创建

"等于"按钮，并添加到窗口中；设置窗口标题、尺寸和可见性；添加窗口监听器，当窗口关闭时退出程序。

（5）编写主方法：在主方法中创建 SimpleCalculatorUI 实例，启动计算器 UI。

具体代码及解释如下：

```java
// 导入 Java AWT 库中的基本组件类和事件处理类
import java.awt.*;
import java.awt.event.*;

// 定义一个名称为 SimpleCalculatorUI 的类，继承自 Frame（窗口）
public class SimpleCalculatorUI extends Frame {

    // 定义三个 TextField 对象，分别用于输入两个数值和显示计算结果
    TextField num1, num2, result;

    // 构造方法，初始化计算器 UI
    public SimpleCalculatorUI() {

        // 设置窗口布局为 FlowLayout（组件从左到右依次排列）
        setLayout(new FlowLayout());

        // 创建两个用于输入数值的 TextField，长度均为 10 个字符
        num1 = new TextField(10);
        num2 = new TextField(10);

        // 创建一个用于显示计算结果的 TextField，长度为 15 个字符
        result = new TextField(15);

        // 创建一个 Choice 组件，添加加、减、乘、除共四种运算符选项
        Choice ch = new Choice();
        ch.add("+"); ch.add("-"); ch.add("*"); ch.add("/");

        // 将 num1、运算符选择框、num2 组件添加到窗口中
        add(num1);
        add(ch);
        add(num2);

        // 创建一个表示等于（计算）操作的 Button
        Button deng = new Button("      =      ");

        // 将"等于"按钮和结果展示框添加到窗口中
        add(deng);
        add(result);

        // 设置窗口标题为"Simple Calculator UI"
```

```
        setTitle("Simple Calculator UI");

        // 设置窗口尺寸为宽 400 像素、高 100 像素
        setSize(400, 100);

        // 设置窗口可见
        setVisible(true);

        // 添加窗口监听器，当窗口关闭时调用系统退出（System.exit(0)）
        addWindowListener(new WindowAdapter() {
            public void windowClosing(WindowEvent we) {
                System.exit(0);
            }
        });
    }

    // 主方法，启动程序
    public static void main(String[] args) {
        // 创建并显示 SimpleCalculatorUI 实例
        new SimpleCalculatorUI();
    }
}
```

需要注意的是，此示例仅实现了 UI 布局，具体的计算逻辑尚未实现。在实际应用中，还需要为等于按钮添加事件监听器，处理单击事件并执行相应的计算操作。

4.3.2　单击事件处理

🔊 **文本提示**

编写一个 Java 程序，使用 Java AWT 库创建一个简单的窗口。该窗口中包含一个按钮，当按钮被单击时，会在控制台输出一条消息。关闭窗口时，程序将调用 System.exit(0) 退出。

💬 **编程思路**

（1）初始化环境：导入 Java AWT 库中的基本组件类和事件处理类。

（2）定义主类：创建一个名称为 SimpleWindowWithEventHandler 的类，继承自 Frame，作为窗口的主体，并实现 ActionListener 接口，以便处理按钮单击事件。

（3）实现构造方法：设置窗口布局为 FlowLayout，使组件水平排列；创建一个按钮，设置其文本为 "Click me!"；为按钮添加事件监听器，监听器为当前类本身；将按钮添加到窗口中；设置窗口标题、尺寸和可见性；添加窗口监听器，当窗口关闭时退出程序。

（4）实现 ActionListener 接口方法：实现 actionPerformed() 方法，当按钮被单击时，调用 bang() 方法。

（5）定义响应按钮单击的方法：定义 bang() 方法，实现具体的响应逻辑，即在控制台打印消息。

（6）编写主方法：在主方法中创建 SimpleWindowWithEventHandler 实例，启动窗口程序。

具体代码及解释如下：

```java
// 导入 Java AWT 库中的基本组件类和事件处理类
import java.awt.*;
import java.awt.event.*;

// 定义一个名称为 SimpleWindowWithEventHandler 的类，继承自 Frame（窗口）
// 实现 ActionListener 接口（用于处理按钮单击事件）
public class SimpleWindowWithEventHandler extends Frame implements ActionListener {

    // 构造方法，初始化带有事件处理器的简单窗口
    public SimpleWindowWithEventHandler() {

        // 设置窗口布局为 FlowLayout（组件从左到右依次排列）
        setLayout(new FlowLayout());

        // 创建一个按钮，文本为 "Click me!"
        Button button = new Button("Click me!");

        // 为按钮添加事件监听器，监听器为当前类本身（因为实现了 ActionListener 接口）
        button.addActionListener(this);

        // 将按钮添加到窗口中
        add(button);

        // 设置窗口标题为 "Simple Window with Event Handler"
        setTitle("Simple Window with Event Handler");

        // 设置窗口尺寸为宽 300 像素、高 200 像素
        setSize(300, 200);

        // 设置窗口可见
        setVisible(true);

        // 添加窗口监听器，当窗口关闭时调用系统退出（System.exit(0)）
        addWindowListener(new WindowAdapter() {
            public void windowClosing(WindowEvent we) {
                System.exit(0);
            }
        });
    }

    // 实现 ActionListener 接口的抽象方法 actionPerformed()，当按钮被单击时，此方法会被调用
    public void actionPerformed(ActionEvent ae) {
        // 当按钮单击事件发生时，调用 bang() 方法
        bang();
    }
```

```
    // 定义一个 bang()方法，用于响应按钮单击事件，打印一条消息到控制台
    public void bang() {
        System.out.println("Button clicked! Bang!");
    }

    // 主方法，启动程序
    public static void main(String[] args) {
        // 创建并显示 SimpleWindowWithEventHandler 实例
        new SimpleWindowWithEventHandler();
    }
}
```

4.3.3 单击按钮事件处理

👉 **文本提示**

用 Java 创建一个简单的窗口，窗口中包含一个 Label（显示初始提示信息）和一个按钮。当按钮被单击时，Label 会显示一个随机的问候语。问候语来源于预定义的字符串数组。窗口关闭时，程序将调用 System.exit(0)退出。

👉 **编程思路**

（1）导入所需库：导入 java.awt.*、java.awt.event.*和 java.util.Random，以便使用窗口、组件、事件处理和随机数生成相关功能。

（2）定义 GreetingWindow 类：创建一个名称为 GreetingWindow 的类，继承自 Frame，并实现 ActionListener 接口。这意味着该类既是窗口，又能处理按钮单击事件。

（3）成员变量声明：在类中声明两个组件变量，一个 Label（greetingLabel）和一个 Button（clickButton），以及一个字符串数组（greetings），用于存储问候语。

（4）构造方法。

1）初始化布局：调用 setLayout()方法设置窗口的布局管理器为 FlowLayout。

2）创建组件：创建 Label 和 Button 实例，分别设置其初始文本。

3）添加事件监听：为 clickButton 添加 ActionListener，监听器指向当前类实例，因为 GreetingWindow 实现了 ActionListener 接口。

4）添加组件到窗口：使用 add()方法将 Label 和 Button 添加到窗口中。

5）设置窗口属性：调用 setTitle()、setSize()和 setVisible()方法，分别为窗口设置标题、大小和可见性。

6）添加窗口监听器：使用 addWindowListener()方法添加一个窗口监听器，当窗口关闭时触发 windowClosing()方法，调用 System.exit(0)退出程序。

（5）实现 actionPerformed()方法。

1）生成随机数：创建一个 Random 对象，并使用其 nextInt()方法生成一个介于 0（含）到问候语数组长度减 1（含）之间的随机整数。

2）更新问候语：根据生成的随机索引从 greetings 数组中选取一条问候语，并将其设置为 greetingLabel 的文本。

（6）编写 main()方法：创建并显示 GreetingWindow 的实例，启动程序。
具体代码及解释如下：

```java
// 导入 Java AWT 库中的基本组件类和事件处理类
import java.awt.*;
import java.awt.event.*;

// 导入 Java.util 包中的 Random 类，用于生成随机数
import java.util.Random;

// 定义一个名称为 GreetingWindow 的类，继承自 Frame（窗口）
// 实现 ActionListener 接口（用于处理按钮单击事件）
public class GreetingWindow extends Frame implements ActionListener {

    // 定义 Label 和 Button 组件变量
    Label greetingLabel;
    Button clickButton;

    // 定义一个字符串数组，包含多种问候语
    String[] greetings = {
            "Hello!",
            "Hi there!",
            "Greetings!",
            "Howdy!",
            "Hey!"
    };

    // 构造方法，初始化带有随机问候语功能的窗口
    public GreetingWindow() {

        // 设置窗口布局为 FlowLayout（组件从左到右依次排列）
        setLayout(new FlowLayout());

        // 创建一个 Label，初始文本为 "Click the button for a greeting"
        greetingLabel = new Label("Click the button for a greeting");

        // 创建一个按钮，初始文本为 "Click me!"
        clickButton = new Button("Click me!");

        // 为按钮添加事件监听器，监听器为当前类本身（因为实现了 ActionListener 接口）
        clickButton.addActionListener(this);

        // 将 Label 和按钮添加到窗口中
        add(greetingLabel);
        add(clickButton);

        // 设置窗口标题为 "Random Greeting"
```

```
    setTitle("Random Greeting");

    // 设置窗口尺寸为宽 400 像素、高 200 像素
    setSize(400, 200);

    // 设置窗口可见
    setVisible(true);

    // 添加窗口监听器，当窗口关闭时调用系统退出（System.exit(0)）
    addWindowListener(new WindowAdapter() {
        public void windowClosing(WindowEvent we) {
            System.exit(0);
        }
    });
}

// 实现 ActionListener 接口的抽象方法 actionPerformed()，当按钮被单击时，此方法会被调用
public void actionPerformed(ActionEvent ae) {

    // 创建一个 Random 对象，用于生成随机数
    Random random = new Random();

    // 生成一个随机索引，范围在 greetings 数组长度范围内
    int index = random.nextInt(greetings.length);

    // 从问候语数组中选取对应索引的问候语，更新 Label 的文本内容
    greetingLabel.setText(greetings[index]);
}

// 主方法，启动程序
public static void main(String[] args) {
    // 创建并显示 GreetingWindow 的实例
    new GreetingWindow();
}
}
```

4.3.4　登录系统简单界面

🔊 文本提示

用 Java 代码实现一个简单的登录表单 GUI 应用程序。程序启动后显示一个窗口，窗口内包含：用户名和密码输入框（使用 TextField 组件）；提示用户输入的 Label（如 "Username:" "Password:"）；"登录" 按钮（Button 组件）；显示登录结果消息的 Label（初始为空）。用户在输入框中输入用户名和密码后，单击 "登录" 按钮。检查输入的用户名和密码是否与预设的匹配。若匹配，则显示 "Login successful!"，否则显示 "Invalid username or password."。窗口关闭时，程序将退出。

编程思路

（1）初始化环境：导入 Java AWT 库中的基本组件类和事件处理类。

（2）定义主类：创建一个名称为 LoginForm 的类，继承自 Frame，作为登录表单的主体，并实现 ActionListener 接口，以便处理"登录"按钮单击事件。

（3）声明组件变量：在类中声明 3 个 Label、2 个 TextField 和 1 个 Button 对象，分别用于提示、输入和按钮功能。

（4）实现构造方法：设置窗口布局为 GridLayout，使组件按网格排列；创建并初始化各组件，包括标签、输入框和按钮；为密码输入框设置字符掩码；为"登录"按钮添加事件监听器，监听器为当前类本身；将所有组件按顺序添加到窗口中；设置窗口标题、尺寸和可见性；添加窗口监听器，当窗口关闭时退出程序。

（5）实现 ActionListener 接口方法：实现 actionPerformed() 方法，当"登录"按钮被单击时，获取用户名和密码输入框的文本，检查是否与预设的"admin/admin"匹配，根据匹配结果更新登录结果消息标签的文本。

（6）编写主方法：在主方法中创建 LoginForm 实例并显示，启动登录表单程序。

具体代码及解释如下：

```java
// 导入与图形用户界面（GUI）开发相关的包
import java.awt.*;
import java.awt.event.*;

// 定义一个名称为 LoginForm 的类，继承自 Frame 类（代表窗口）
// 实现 ActionListener 接口（用于处理按钮单击等事件）
public class LoginForm extends Frame implements ActionListener {

    // 声明组件变量：2 个 Label（用于提示文本）、2 个 TextField（用于输入用户名和密码）
    // 1 个 Button（"登录"按钮）及 1 个 Label（用于显示消息）
    Label usernameLabel, passwordLabel, messageLabel;
    TextField usernameField, passwordField;
    Button loginButton;

    // 构造方法，初始化 LoginForm 实例
    public LoginForm() {

        // 设置窗口布局为 GridLayout（4 行 2 列）
        setLayout(new GridLayout(4, 2));

        // 创建并初始化各 Label 组件
        usernameLabel = new Label("Username:");
        passwordLabel = new Label("Password:");
        messageLabel = new Label("");   // 初始化为空，后续用于显示登录结果消息

        // 创建并初始化 TextField 组件，用于输入用户名和密码；密码字段设置字符掩码为 "*"
        usernameField = new TextField(20);
        passwordField = new TextField(20);
        passwordField.setEchoChar('*');
```

```java
        // 创建"登录"按钮，并添加动作监听器
        // 监听器为当前 LoginForm 实例（因为它实现了 ActionListener 接口）
        loginButton = new Button("Login");
        loginButton.addActionListener(this);

        // 将所有组件添加到窗口中
        add(usernameLabel);
        add(usernameField);
        add(passwordLabel);
        add(passwordField);
        add(messageLabel);
        add(loginButton);

        // 设置窗口标题、大小及可见性
        setTitle("Login Form");
        setSize(300, 200);
        setVisible(true);

        // 添加窗口监听器，当窗口关闭时调用 System.exit(0)退出程序
        addWindowListener(new WindowAdapter() {
            public void windowClosing(WindowEvent we) {
                System.exit(0);
            }
        });
    }

    // 实现 ActionListener 接口的抽象方法，用于处理"登录"按钮单击事件
    public void actionPerformed(ActionEvent ae) {
        // 从输入框中获取用户名和密码文本
        String username = usernameField.getText();
        String password = passwordField.getText();

        // 检查用户名和密码是否匹配预设的"admin/admin"
        if (username.equals("admin") && password.equals("admin")) {
            // 登录成功，更新消息 Label 文本
            messageLabel.setText("Login successful!");
        } else {
            // 登录失败，更新消息 Label 文本
            messageLabel.setText("Invalid username or password.");
        }
    }

    // 主函数，程序入口，创建并显示 LoginForm 实例
    public static void main(String[] args) {
        new LoginForm();
    }
}
```

4.3.5　JList 数据的增、删、改

🔷 文本提示

用 Java 代码实现一个简单的联系人管理器应用程序。程序启动后显示一个窗口，窗口内包含：联系人列表（使用 JList 组件，数据模型为 DefaultListModel）；输入框（JTextField），用于输入联系人姓名；三个按钮（JButton），分别用于添加、编辑和删除联系人。

用户在输入框中输入姓名后，单击相应的按钮执行对应操作：

（1）"添加"按钮：将输入框中的姓名添加到联系人列表中，并清空输入框。

（2）"编辑"按钮：如果联系人列表中有选中的联系人且输入框中有新姓名，则更新选中联系人的姓名，并清空输入框。

（3）"删除"按钮：如果联系人列表中有选中的联系人，则从列表中移除该联系人。

窗口关闭时，程序将退出。使用 SwingUtilities.invokeLater 确保所有 Swing 组件在事件调度线程中正确创建和更新。

💬 编程思路

（1）初始化环境：导入 Java Swing 库中的组件类，以及 Java AWT 库中的基本组件类和事件处理类。

（2）定义主类：创建一个名称为 ContactManager 的类，继承自 JFrame，作为联系人管理器的主体。

（3）声明组件变量：在类中声明一个 DefaultListModel<String>、一个 JList<String>、一个 JTextField 和三个 JButton 对象，分别用于存储联系人列表、显示联系人列表、输入联系人姓名和执行单击按钮的操作。

（4）实现构造方法：设置窗口布局为 BorderLayout；创建并初始化联系人列表的数据模型和视图组件；创建一个 JPanel，设置其布局为 FlowLayout，用于容纳输入框和按钮；创建并初始化 JTextField 对象；创建并初始化"添加""编辑""删除"按钮，分别为它们添加动作监听器，处理添加、编辑和删除联系人操作；将输入框和按钮添加到 JPanel 中；将联系人列表（封装在 JScrollPane 中）和 JPanel 添加到窗口相应位置；设置窗口标题、尺寸、默认关闭操作和可见性。

（5）编写主方法：使用 SwingUtilities.invokeLater 确保在 Swing 事件调度线程中创建 ContactManager 实例，启动联系人管理器程序。

具体代码及解释如下：

```java
// 导入 Java Swing 库中的组件类，以及 Java AWT 库中的基本组件类和事件处理类
import javax.swing.*;
import java.awt.*;
import java.awt.event.*;

// 定义一个名称为 ContactManager 的类，继承自 JFrame（Swing 的窗口组件）
public class ContactManager extends JFrame {

    // 声明一个 DefaultListModel<String>对象，用于存储联系人列表的数据模型
    DefaultListModel<String> listModel;
```

```java
// 声明一个 JList<String>对象，用于显示联系人列表
JList<String> contactList;

// 声明一个 JTextField 对象，用于输入联系人姓名
JTextField nameField;

// 声明三个 JButton 对象，分别用于添加、编辑和删除联系人
JButton addButton, editButton, deleteButton;

// 构造方法，初始化 ContactManager 实例
public ContactManager() {
    // 设置窗口布局为 BorderLayout
    setLayout(new BorderLayout());

    // 创建一个 DefaultListModel 实例，用于存储联系人列表的数据模型
    listModel = new DefaultListModel<>();

    // 创建一个 JList 实例，使用上述数据模型，并将其与 contactList 变量关联
    contactList = new JList<>(listModel);

    // 创建一个 JPanel 对象，用于容纳输入和按钮组件，设置其布局为 FlowLayout
    JPanel inputPanel = new JPanel();
    inputPanel.setLayout(new FlowLayout());

    // 创建一个 JTextField 对象，用于输入联系人姓名，长度限制为 20 个字符
    nameField = new JTextField(20);

    // 创建"添加"按钮，并为其添加动作监听器
    addButton = new JButton("Add");
    addButton.addActionListener(new ActionListener() {
        public void actionPerformed(ActionEvent e) {
            // 获取输入框中的姓名文本
            String name = nameField.getText();
            // 如果姓名不为空，则添加到联系人列表中，并清空输入框
            if (!name.isEmpty()) {
                listModel.addElement(name);
                nameField.setText("");
            }
        }
    });

    // 创建"编辑"按钮，并为其添加动作监听器
    editButton = new JButton("Edit");
    editButton.addActionListener(new ActionListener() {
        public void actionPerformed(ActionEvent e) {
```

```
                    // 获取当前选中的联系人索引
                    int selectedIndex = contactList.getSelectedIndex();
                    // 如果有选中项且输入框中有新姓名，则更新联系人列表中对应索引的项，并清空输入框
                    if (selectedIndex != -1 && !nameField.getText().isEmpty()) {
                        listModel.setElementAt(nameField.getText(), selectedIndex);
                        nameField.setText("");
                    }
                }
            });

            // 创建"删除"按钮，并为其添加动作监听器
            deleteButton = new JButton("Delete");
            deleteButton.addActionListener(new ActionListener() {
                public void actionPerformed(ActionEvent e) {
                    // 获取当前选中的联系人索引
                    int selectedIndex = contactList.getSelectedIndex();
                    // 如果有选中项，则从联系人列表中移除对应索引的项
                    if (selectedIndex != -1) {
                        listModel.remove(selectedIndex);
                    }
                }
            });

            // 将输入框和按钮添加到 inputPanel 中
            inputPanel.add(nameField);
            inputPanel.add(addButton);
            inputPanel.add(editButton);
            inputPanel.add(deleteButton);

            // 将联系人列表（封装在 JScrollPane 中，便于滚动查看）添加到窗口中心区域（BorderLayout.CENTER）
            add(new JScrollPane(contactList), BorderLayout.CENTER);
            // 将 inputPanel 添加到窗口底部区域（BorderLayout.SOUTH）
            add(inputPanel, BorderLayout.SOUTH);

            // 设置窗口标题、尺寸、默认关闭操作（退出程序）和可见性
            setTitle("Contact Manager");
            setSize(400, 300);
            setDefaultCloseOperation(JFrame.EXIT_ON_CLOSE);
            setVisible(true);
    }

    // 主方法，启动程序
    public static void main(String[] args) {
        // 使用 SwingUtilities.invokeLater 确保在 Swing 事件调度线程中创建 ContactManager 实例
        SwingUtilities.invokeLater(new Runnable() {
            public void run() {
```

```
                  new ContactManager();
            }
        });
    }
}
```

4.3.6 GUI 弹球程序

1. 在窗口上绘制位置固定的红色圆形

文本提示

用 Java 实现一个简单的窗口程序，在窗口上绘制位置固定的红色圆形。程序启动后会显示一个标题为"Red Circle"的窗口，当窗口关闭时，程序将调用 System.exit(0)退出。

编程思路

（1）导入所需库：首先，导入 Java AWT 库中的基本组件类（如 Frame、Graphics 等）和事件处理类（如 WindowAdapter、WindowEvent 等），以构建 GUI 和处理窗口事件。

（2）定义 RedCircleWindow 类：定义一个名称为 RedCircleWindow 的类，继承自 Frame。通过继承 Frame 类，可以创建一个具有基本窗口特性的图形界面，并在此基础上添加自定义功能。

（3）构造方法：编写 RedCircleWindow 的构造方法，用于初始化红色圆形窗口。

1）设置窗口标题：调用 setTitle()方法设置窗口标题为"Red Circle"。

2）设置窗口尺寸：调用 setSize()方法设定窗口的宽度为 1000 像素，高度为 800 像素。

3）设置窗口可见：调用 setVisible(true)使窗口立即显示出来。

4）添加窗口监听器：创建一个 WindowAdapter 实例，并重写其 windowClosing()方法。当窗口关闭事件被触发时，该方法内的 System.exit(0)会被执行，从而结束整个 Java 应用程序。

（4）重写 paint()方法：覆盖 Frame 类的 paint()方法，用于在窗口上绘制红色圆形。

1）设置绘图颜色：使用 Graphics 对象的 setColor()方法将绘图颜色设置为红色。

2）绘制圆形：调用 g.fillOval()方法绘制一个填充的红色圆形，指定圆心坐标为(100, 100)，直径为 100 像素。这样，每当窗口需要进行重绘时（如窗口初次显示或窗口被调整大小），这个红色圆形就会出现在指定位置。

（5）主方法：在 RedCircleWindow 类中提供一个 main()方法作为程序的入口；创建并显示窗口；创建 RedCircleWindow 类的实例，这将触发构造方法中的初始化过程，并最终显示包含红色圆形的窗口。

具体代码及解释如下：

```java
// 导入 Java AWT 库中的基本组件类和事件处理类
import java.awt.*;
import java.awt.event.*;

// 定义一个名称为 RedCircleWindow 的类，继承自 Frame（表示窗口）
public class RedCircleWindow extends Frame {

    // 构造方法，初始化红色圆形窗口
    public RedCircleWindow() {
```

```
        // 设置窗口标题为"Red Circle"
        setTitle("Red Circle");

        // 设置窗口尺寸为宽 1000 像素、高 800 像素
        setSize(1000, 800);

        // 设置窗口可见
        setVisible(true);

        // 添加窗口监听器，当窗口关闭时调用 System.exit(0)退出程序
        addWindowListener(new WindowAdapter() {
            public void windowClosing(WindowEvent we) {
                System.exit(0);
            }
        });
    }

    // 重写父类的 paint()方法，用于绘制红色圆形
    public void paint(Graphics g) {
        // 设置绘图颜色为红色
        g.setColor(Color.RED);

        // 绘制一个填充的圆形，圆心坐标为(100, 100)，直径为 100 像素
        g.fillOval(100, 100, 100, 100);
    }

    // 主方法，启动程序
    public static void main(String[] args) {
        // 创建并显示 RedCircleWindow 实例
        new RedCircleWindow();
    }
}
```

2. 在窗口上绘制动态移动的红色圆形

文本提示

用 Java 在窗口上绘制一个动态移动的红色圆形。圆形的移动由一个单独的线程控制，该线程周期性地更新圆形位置、检测边界碰撞，并触发窗口重绘以呈现动画效果。主方法启动这个窗口，用户即可看到一个在窗口范围内自动移动且碰到边缘会反弹的红色圆形。

编程思路

（1）导入所需库：导入 Java AWT 库中的基本组件类和事件处理类，以便创建 GUI 和处理窗口事件。

（2）定义 MovingRedCircleWindow 类：定义一个名称为 MovingRedCircleWindow 的类，继承自 Frame。这次的目标是创建一个窗口，其中包含一个会自动移动的红色圆形。

（3）定义成员变量：声明并初始化几个成员变量，用于存储圆心坐标（x、y）、圆直径（diameter）及圆的移动速度（xSpeed、ySpeed）。

（4）构造方法：编写 MovingRedCircleWindow 的构造方法，除了设置窗口的基本属性（标题、尺寸、可见性、关闭监听器）外，还添加了以下功能，启动移动与重绘线程；创建一个新的线程，该线程运行一个实现了 Runnable 接口的对象。在 run() 方法内部，使用无限循环来持续移动圆形、重绘窗口，并短暂休眠以控制动画帧率。这样，圆形就会在独立线程中自动移动，并在窗口上实时显示其位置变化。

（5）定义私有方法 moveCircle()：定义私有方法 moveCircle()，用于根据当前速度更新圆形的位置，并处理圆形与窗口边界的碰撞，具体步骤如下。

1）更新圆心坐标：根据 xSpeed 和 ySpeed 递增或递减圆心的坐标 x 和 y。

2）检查并处理边界碰撞：分别检查圆形在水平和垂直方向上是否触及窗口边界。如果触及，则将对应方向的速度取反，使圆形反弹回窗口内。

（6）重写 paint() 方法：覆盖 Frame 类的 paint() 方法，用于在窗口上绘制移动的红色圆形。

1）清空并设置背景色：首先使用白色填充整个窗口，确保每次重绘时清除上一帧的图形。

2）设置绘图颜色：将绘图颜色设置为红色。

3）绘制圆形：根据当前圆心坐标和直径，调用 g.fillOval() 绘制填充的红色圆形。

（7）主方法：提供 main() 方法作为程序的入口，创建并显示 MovingRedCircleWindow 实例，启动带有移动红色圆形的窗口。

具体代码及解释如下：

```java
// 导入 Java AWT 库中的基本组件类和事件处理类
import java.awt.*;
import java.awt.event.*;

// 定义一个名称为 MovingRedCircleWindow 的类，继承自 Frame（表示窗口）
public class MovingRedCircleWindow extends Frame {

    // 成员变量：圆心坐标（x、y）、圆直径（diameter）、圆的移动速度（xSpeed、ySpeed）
    private int x = 100;
    private int y = 100;
    private int diameter = 100;
    private int xSpeed = 2;
    private int ySpeed = 1;

    // 构造方法，初始化移动红色圆形窗口
    public MovingRedCircleWindow() {
        // 设置窗口标题为 "Moving Red Circle"
        setTitle("Moving Red Circle");

        // 设置窗口尺寸为宽 1000 像素、高 800 像素
        setSize(1000, 800);

        // 设置窗口可见
        setVisible(true);
```

```java
        // 添加窗口监听器，当窗口关闭时调用 System.exit(0)退出程序
        addWindowListener(new WindowAdapter() {
            public void windowClosing(WindowEvent we) {
                System.exit(0);
            }
        });

        // 启动一个新的线程，负责循环移动和重绘圆形
        new Thread(new Runnable() {
            public void run() {
                while (true) {
                    // 移动圆形
                    moveCircle();
                    // 重绘窗口以显示移动后的圆形
                    repaint();
                    try {
                        // 暂停一段时间（10毫秒），避免频繁重绘导致性能问题
                        Thread.sleep(10);
                    } catch (InterruptedException e) {
                        e.printStackTrace();
                    }
                }
            }
        }).start();
    }

    // 私有方法，负责根据当前速度更新圆形的位置，并处理圆形与窗口边界的碰撞
    private void moveCircle() {
        // 更新圆心坐标
        x += xSpeed;
        y += ySpeed;

        // 检查圆形是否触及窗口边界，若触及则反转相应方向的速度
        if (x + diameter > getWidth() || x < 0) {
            xSpeed = -xSpeed;
        }
        if (y + diameter > getHeight() || y < 0) {
            ySpeed = -ySpeed;
        }
    }

    // 重写父类的 paint()方法，用于绘制移动的红色圆形
    public void paint(Graphics g) {
        // 清空窗口背景为白色
        g.setColor(Color.WHITE);
        g.fillRect(0, 0, getWidth(), getHeight());
```

```
        // 设置绘图颜色为红色
        g.setColor(Color.RED);

        // 绘制一个填充的圆形，圆心坐标为(x, y)，直径为 diameter
        g.fillOval(x, y, diameter, diameter);
    }

    // 主方法，启动程序
    public static void main(String[] args) {
        // 创建并显示 MovingRedCircleWindow 实例
        new MovingRedCircleWindow();
    }
}
```

综上所述，这段代码是通过继承 Frame 类创建一个定制的窗口类，实现窗口的基本属性设置、事件监听（窗口关闭时退出程序），以及在窗口上绘制一个动态移动的红色圆形。

在实际开发中，开发 Java GUI 程序通常会使用 NetBeans 等 IDE，这样可以减少工作量，一些组件可以直接通过拖曳的方式添加进界面，直接编辑组件属性，编写事件处理代码即可。

4.4 网 络 编 程

Java 中的网络编程常用技术主要包括以下几个方面：

1. 套接字编程

（1）TCP 套接字（Socket）：Java 通过 java.net.ServerSocket 和 java.net.Socket 类实现传输控制协议（Transmission Control Protocol，TCP）网络通信。ServerSocket 用于创建服务器，监听特定端口，等待客户端连接请求。Socket 则用于客户端，发起连接请求并建立与服务器的双向通信通道。双方通过输入/输出流（如 InputStream 和 OutputStream）进行数据交换。

（2）UDP 套接字（DatagramSocket）：对于需要较低延迟但可以容忍数据丢失的场景，可以使用 java.net.DatagramSocket 和 java.net.DatagramPacket 类进行用户数据报协议（User Datagram Protocol，UDP）通信。UDP 是无连接的，数据以独立的数据报形式发送，不保证顺序或可靠性。DatagramSocket 既可以发送（send）也可以接收（receive）数据报，而 DatagramPacket 封装了发送或接收的数据及其元数据（如源/目的地址、端口）。

2. URL 与 URI

（1）URL：java.net.URL 类用于表示统一资源定位符，提供访问网络资源（如网页、文件）的方法。通过 openConnection()方法可以获得一个 URLConnection 对象，进一步设置请求属性（如超时、请求头）、发送请求并获取响应。

（2）URI：URI 是统一资源标识符（Uniform Resource Identifier）的缩写，java.net.URI 类用于表示统一资源标识符，它比 URL 更通用，可以包含非网络资源的标识。URI 主要用于解析和构造符合标准的资源标识符字符串。

3. 网络数据流处理

（1）BufferedReader/BufferedWriter：配合 InputStreamReader 和 OutputStreamWriter，可以

方便地进行字符流的读写，处理网络数据的字符编码问题。

（2）DataInputStream/DataOutputStream：用于读写基本数据类型和字符串的二进制表示，适合高效地在网络上传输结构化数据。

（3）ObjectInputStream/ObjectOutputStream：通过序列化和反序列化机制，可以发送和接收 Java 对象，实现对象级别的网络通信。

4. 网络协议支持

（1）HTTP：通过 java.net.HttpURLConnection 类或第三方库（如 Apache HttpClient、OkHttp）可以实现 HTTP/HTTPS 协议的客户端请求，与 Web 服务进行交互。

（2）FTP：java.net.FTPClient 类提供了文件传输协议（File Transfer Protocol，FTP）客户端功能，支持文件的上传、下载、目录操作等。

（3）SMTP/POP3/IMAP：使用 javax.mail 包下的类可以实现电子邮件的发送（SMTP）和接收（POP3/IMAP）。

5. 高级网络特性

（1）NIO（New IO）：Java NIO（java.nio 包）提供了非阻塞 IO 操作，通过 Selector、Channel、ByteBuffer 等类实现高效、低延迟的网络通信，适用于高并发、高性能的网络应用。

（2）NIO.2（Java 7 引入）：进一步扩展了 NIO，增加了对文件系统、文件锁定、异步 IO 等的支持，例如 java.nio.channels.AsynchronousSocketChannel 提供异步 TCP 套接字通信。

（3）SSL/TLS：Java 通过 javax.net.ssl 包支持安全套接层（Secure Sockets Layer，SSL）和安全传输层（Transport Layer Security，TLS）协议，提供网络通信的安全加密。

（4）WebSocket：Java 8 开始支持 WebSocket 协议，通过 javax.websocket 包提供客户端和服务器的 WebSocket API，实现全双工、长连接的网络通信。

（5）RMI：RMI 是远程方法调用（Remote Method Invocation）的缩写，Java RMI 允许在分布式环境中进行远程方法调用，实现 Java 对象间的直接通信。尽管不是专门的网络编程技术，但它是基于网络通信实现的高级分布式功能。

总的来说，Java 网络编程技术涵盖了从底层的套接字通信到高层的应用协议支持，以及各种高性能、安全、易用的工具和框架，为开发各种网络应用程序提供了丰富且强大的支持。开发者可以根据实际需求选择合适的技术栈进行开发。

下面的例子都是与网络编程相关的案例。

4.4.1　登录验证

🔊 **文本提示**

用 Java 网络编程技术实现一个简单的登录验证功能。

💬 **编程思路**

（1）服务器设计。

1）定义服务器逻辑：创建一个名称为 LoginServer 的类，用于启动服务器并监听指定端口（本例中为 12345）以接收客户端连接。服务器将持续运行，直到程序被手动停止。

2）初始化用户字典：在服务器类中，创建一个 HashMap 用来存储用户名和密码的映射关系。在实际应用中，这些数据应从数据库或其他持久化存储中加载，此处为了简化示例，直接在代码中硬编码了两个用户及其密码。

3）监听客户端连接：使用 ServerSocket 对象创建服务器，调用其 accept()方法进入阻塞状态，等待客户端连接。当有新的客户端连接时，该方法返回一个与客户端通信的 Socket 对象。

4）多线程处理登录请求：对于每个接收到的客户端连接，创建一个新的线程（通过实现 Runnable 接口的 LoginHandler 类）来处理登录请求，以支持并发登录。这样，服务器可以同时处理多个客户端的登录请求，提高系统性能。

5）登录请求处理：LoginHandler 类的 run()方法负责处理客户端的登录请求。首先，从 Socket 对象的输入流中读取客户端发送的用户名和密码；然后，调用 validateLogin()方法对用户名和密码进行验证；最后，将验证结果写回客户端的输出流。

6）登录验证逻辑：validateLogin()方法根据用户字典检查提供的用户名和密码是否匹配。如果匹配，则返回"Login successful"；否则，返回"Invalid username or password"。

7）异常处理与资源关闭：在 LoginHandler 类的 run()方法中，捕获并打印可能发生的 IOException。在处理完登录请求后，确保关闭与客户端的 Socket 连接，释放系统资源。

（2）客户端设计。

1）定义客户端逻辑：创建一个名称为 LoginClient 的类，用于发起登录请求至服务器，并接收服务器返回的验证结果。

2）建立与服务器的连接：使用 Socket 对象连接到服务器（本例中为本地主机，端口为 12345）；创建 PrintWriter 和 BufferedReader 对象，分别用于向服务器发送数据和接收服务器响应。

3）发送登录信息：使用 PrintWriter 对象将测试用户名和密码发送至服务器。

4）接收验证结果：通过 BufferedReader 对象读取服务器返回的验证结果；打印该结果以便观察登录验证结果。

5）异常处理与资源关闭：在 LoginClient 类的 main()方法中，捕获并打印可能发生的 IOException。在完成登录请求后，确保关闭与服务器的 Socket 连接，释放系统资源。

具体代码及解释如下：

```java
//服务器（LoginServer.java）
import java.io.*;
import java.net.ServerSocket;
import java.net.Socket;
import java.util.HashMap;

public class LoginServer {
    private static final int PORT = 12345;                          // 服务器监听端口
    private static HashMap<String, String> userDict = new HashMap<>();   // 用户名和密码字典

    public static void main(String[] args) throws IOException {
        // 初始化用户字典（实际应用中应从数据库或其他持久化存储中加载）
        userDict.put("user1", "password1");
        userDict.put("user2", "password2");

        try (ServerSocket serverSocket = new ServerSocket(PORT)) {
            System.out.println("Login server started on port " + PORT);
```

```java
            while (true) {                                      // 循环等待客户端连接
                Socket socket = serverSocket.accept();          // 接收客户端连接
                new Thread(new LoginHandler(socket)).start();   // 创建新线程处理登录请求
            }
        }
    }

    static class LoginHandler implements Runnable {
        private final Socket socket;

        public LoginHandler(Socket socket) {
            this.socket = socket;
        }

        @Override
        public void run() {
            try (BufferedReader in = new BufferedReader(new InputStreamReader(socket.getInputStream()));
                 PrintWriter out = new PrintWriter(socket.getOutputStream(), true)) {

                String username = in.readLine();                // 读取客户端发送的用户名
                String password = in.readLine();                // 读取客户端发送的密码

                String result = validateLogin(username, password);  // 验证登录信息
                out.println(result);                            // 向客户端发送验证结果

            } catch (IOException e) {
                System.err.println("Error handling client: " + e.getMessage());
            } finally {
                try {
                    socket.close();                             // 关闭与客户端的连接
                } catch (IOException e) {
                    System.err.println("Error closing socket: " + e.getMessage());
                }
            }
        }

        private String validateLogin(String username, String password) {
            if (userDict.containsKey(username) && userDict.get(username).equals(password)) {
                return "Login successful";                      // 登录成功
            } else {
                return "Invalid username or password";          // 登录失败
            }
        }
    }
}
```

```java
// 客户端（LoginClient.java）:
import java.io.BufferedReader;
import java.io.InputStreamReader;
import java.io.PrintWriter;
import java.net.Socket;

public class LoginClient {
    private static final String SERVER_ADDRESS = "localhost";        // 服务器地址
    private static final int SERVER_PORT = 12345;                    // 服务器端口

    public static void main(String[] args) throws IOException {
        String username = "user1";                                   // 测试用户名
        String password = "password1";                               // 测试密码

        try (Socket socket = new Socket(SERVER_ADDRESS, SERVER_PORT);
            PrintWriter out = new PrintWriter(socket.getOutputStream(), true);
            BufferedReader in = new BufferedReader(new InputStreamReader(socket.getInputStream()))) {

            out.println(username);                                   // 发送用户名到服务器
            out.println(password);                                   // 发送密码到服务器

            String response = in.readLine();                         // 读取服务器返回的验证结果
            System.out.println("Server response: " + response);      // 打印验证结果

        } catch (IOException e) {
            System.err.println("Error connecting to server: " + e.getMessage());
        }
    }
}
```

运行服务器程序后，再运行客户端程序，客户端会发送登录请求到服务器，服务器对登录信息进行验证并返回结果。以上代码仅为示例，实际应用中还需要考虑安全性、并发控制、异常处理等方面的优化。

该示例代码通过服务器和客户端的协同工作，实现了基于 TCP 协议的简单登录验证功能。服务器使用多线程并发处理登录请求，并通过用户字典验证用户名和密码。客户端向服务器发送登录请求，并接收服务器返回的验证结果。整个过程遵循请求—响应模式，符合网络编程的基本逻辑。

4.4.2 URL 解析

💬 文本提示

编写一个 Java 程序，用于解析给定的 URL 字符串，并输出其各个组成部分（协议、主机名、端口号、路径和查询字符串）。对于查询字符串，将其拆分为键值对，并逐一显示。确保程序能够处理无效 URL，并在遇到此类情况时打印异常信息。

💬 编程思路

（1）导入所需库：导入 java.net.URL 类，用于创建和操作 URL 对象；导入 java.net.MalformedURLException 类，以处理可能出现的无效 URL 异常。

（2）定义主类及主方法：创建一个名称为 URLParser 的公共类，包含静态的 main() 方法作为程序的入口。

（3）声明待解析的 URL：在 main() 方法内，定义一个字符串变量，赋值为要解析的 URL。

（4）尝试创建 URL 对象：使用 URL 类的构造函数创建 URL 对象，传入待解析的 URL 字符串。此步骤可能抛出 MalformedURLException，因此需放在 try-catch 结构中。

（5）提取 URL 各组成部分：调用 URL 对象的相应方法（如 getProtocol()、getHost()、getPort()、getPath() 和 getQuery()），获取 URL 的协议、主机名、端口号、路径和查询字符串，分别赋值给对应的变量。

（6）输出 URL 基本信息：使用 System.out.println() 语句，打印提取到的 URL 各组成部分。

（7）解析并输出查询参数：检查查询字符串是否非空，非空时对其进行以下操作：使用 split() 方法按 "&" 字符分割查询字符串，得到查询参数数组；遍历查询参数数组，对每个参数再次使用 split() 方法按 "=" 字符分割，得到键值对数组；提取键值对数组中的键和值（如果存在值），并以格式化的字符串输出。

（8）处理异常：在 try-catch 结构的 catch 部分，捕获可能出现的 MalformedURLException，并调用 e.printStackTrace() 方法打印异常的详细信息。

具体代码及解释如下：

```java
// 导入 java.net 包中的 URL 类，用于处理 URL 对象
import java.net.URL;

// 导入 java.net 包中的 MalformedURLException 类，处理无效 URL 时抛出的异常
import java.util.Map;

// 定义一个名称为 URLParser 的公共类
public class URLParser {

    // 定义主方法，程序执行入口
    public static void main(String[] args) {
        // 定义一个字符串变量 urlString，存储待解析的 URL
        String urlString = "https://www.baidu.com/link?url=7ML2Ym17ibVAylmvJ17-
            hDM6ArPLFIXioABaOOh3uCXEuY0RUYXfCPYaip7UoTjB&wd=&eqid=
            95b9a54f00058c040000000663f98ee5";

        try {
            // 使用 URL 类的构造函数创建 URL 对象，传入 urlString 作为参数
            URL url = new URL(urlString);

            // 获取 URL 对象的协议部分，并赋值给变量 protocol
            String protocol = url.getProtocol();
```

```
    // 获取 URL 对象的主机名部分，并赋值给变量 host
    String host = url.getHost();

    // 获取 URL 对象的端口号部分，并赋值给变量 port
    int port = url.getPort();

    // 获取 URL 对象的路径部分，并赋值给变量 path
    String path = url.getPath();

    // 获取 URL 对象的查询字符串部分，并赋值给变量 query
    String query = url.getQuery();

    // 输出解析得到的 URL 各组成部分
    System.out.println("Protocol: " + protocol);
    System.out.println("Host: " + host);
    System.out.println("Port: " + port);
    System.out.println("Path: " + path);
    System.out.println("Query: " + query);

    // 检查查询字符串是否非空
    if (query != null) {
        // 将查询字符串按"&"字符分割成多个部分，存入数组 parts
        String[] parts = query.split("&");

        // 输出查询参数列表的标题
        System.out.println("Query parameters:");

        // 遍历查询参数数组 parts
        for (String part : parts) {
            // 将每个查询参数按"="字符分割成键值对，存入数组 keyValue
            String[] keyValue = part.split("=");

            // 提取键值对数组中的键，并赋值给变量 key
            String key = keyValue[0];

            // 提取键值对数组中的值，若存在多个等号则取第一个等号后的值
            // 否则为空字符串，赋值给变量 value
            String value = keyValue.length > 1 ? keyValue[1] : "";

            // 输出格式化的查询参数
            System.out.println("  " + key + " = " + value);
        }
    }
} catch (MalformedURLException e) {
```

```
            // 若 URL 无效，则捕获 MalformedURLException 并打印堆栈跟踪信息
            e.printStackTrace();
        }
    }
}
```

4.4.3　网络爬虫

文本提示

编写一个 Java 程序，创建一个公共类 WebCrawler，实现一个简易的网络爬虫。爬虫具备以下功能：通过控制台交互，接收用户输入的关键字和初始网址；从指定的初始网址出发，采用广度优先搜索策略，爬取含有指定关键字的网页，限制最大爬取深度为 10 层；抓取每个页面的标题和包含关键字的链接，将它们以"页面标题=链接"的形式存储在 Properties 对象中；将抓取结果保存到名称为 result.properties 的文件中，并打印到控制台。确保程序能妥善处理IO 异常，并在发生异常时打印堆栈跟踪信息。

编程思路

（1）导入所需库：导入 java.io.FileOutpuStream、java.io.IOException、java.io.InputStream、java.net.HttpURLConnection、java.net.URL、java.util.HashSet、java.util.LinkedList、java.util.Properties、java.util.Queue、java.util.Scanner 等类和接口，为程序提供必要的功能支持。

（2）定义主类及主方法：创建一个名称为 WebCrawler 的公共类，包含静态的 main()方法作为程序的入口。

（3）控制台交互：在 main()方法中，使用 Scanner 对象从控制台接收用户输入的关键字和初始网址；提示用户输入，读取输入值，然后关闭 Scanner 对象以释放资源。

（4）初始化数据结构：创建 Properties 对象 result，用于存储抓取结果；创建 LinkedList 对象 queue，作为广度优先搜索的队列；创建 HashSet 对象 visited，用于存储已访问过的链接；将初始网址加入队列，并标记为已访问。

（5）爬虫主体逻辑：使用一个 while 循环，条件为队列非空且爬取深度未超过最大值（10）。在循环中，遍历当前层级的所有待爬取链接，抓取页面内容。如果抓取成功，则提取页面标题，并将页面标题与链接保存到 Properties 对象中。接着，提取页面中的所有链接，筛选出包含关键字且未被访问过的链接，将它们加入队列并标记为已访问。每次循环结束后，深度计数器递增。

（6）保存和展示抓取结果：使用 Properties 类的 store()方法将抓取结果保存到 result.properties 文件中；然后调用 list()方法将结果打印到控制台。

（7）定义辅助方法：实现以下三个私有静态方法，供爬虫主体逻辑调用。

1）fetchPageContent(String url)：发送 HTTP GET 请求，获取指定 URL 的 HTML 内容。

2）extractTitleFromHtml(String html)：从 HTML 内容中提取<title>标签内的文本作为页面标题。

3）extractLinksFromHtml(String html)：从 HTML 内容中提取所有<a>标签的 href 属性值（链接）。

具体代码及解释如下：

```java
// 导入 FileOutputStream 类，用于将 Properties 对象保存到文件
import java.io.FileOutputStream;
import java.io.IOException;
// 导入 InputStream 类，用于读取 HttpURLConnection 的响应内容
import java.io.InputStream;
// 导入 HttpURLConnection 类，用于发起 HTTP GET 请求
import java.net.HttpURLConnection;
// 导入 URL 类，用于构建网络资源的 URL 对象
import java.net.URL;
// 导入 HashSet 类，用于存储已访问过的链接，保证不重复访问
import java.util.HashSet;
// 导入 LinkedList 类，用于实现广度优先搜索的队列
import java.util.LinkedList;
// 导入 Properties 类，用于存储抓取到的页面标题与链接的对应关系
import java.util.Properties;
// 导入 Queue 接口，声明队列类型
import java.util.Queue;
// 导入 Scanner 类，用于从控制台读取用户输入的关键字和初始网址
import java.util.Scanner;

public class WebCrawler {

    public static void main(String[] args) {
        // 创建 Scanner 对象，用于从控制台接收用户输入
        Scanner scanner = new Scanner(System.in);
        // 提示用户输入关键字
        System.out.print("请输入关键字：");
        // 读取用户输入的关键字
        String keyword = scanner.nextLine();
        // 提示用户输入初始网址
        System.out.print("请输入初始网址：");
        // 读取用户输入的初始网址
        String rootUrl = scanner.nextLine();
        // 关闭 Scanner 对象，释放资源
        scanner.close();

        // 创建 Properties 对象，用于存储抓取结果
        Properties result = new Properties();
        // 创建 LinkedList 对象，作为广度优先搜索的队列
        Queue<String> queue = new LinkedList<>();
        // 创建 HashSet 对象，用于存储已访问过的链接
        HashSet<String> visited = new HashSet<>();
        // 将初始网址加入队列，并标记为已访问
        queue.offer(rootUrl);
        visited.add(rootUrl);
```

```java
        // 设置最大爬取深度为 10 层
        int level = 0;
        // 当队列非空且未达到最大爬取深度时，继续爬取
        while (!queue.isEmpty() && level < 10) {
            // 获取当前队列大小，表示当前层级的页面数量
            int size = queue.size();
            // 遍历当前层级的所有页面
            for (int i = 0; i < size; i++) {
                // 从队列中取出一个待爬取的链接
                String currentUrl = queue.poll();
                // 抓取页面内容
                String pageContent = fetchPageContent(currentUrl);
                // 如果抓取失败，则跳过本次循环
                if (pageContent == null) {
                    continue;
                }

                // 提取页面标题
                String pageTitle = extractTitleFromHtml(pageContent);
                // 将页面标题与链接保存到 Properties 对象中
                result.setProperty(pageTitle, currentUrl);

                // 提取页面中的所有链接
                for (String nextUrl : extractLinksFromHtml(pageContent)) {
                    // 判断链接是否包含关键字且尚未被访问过，若满足条件则加入队列
                    if (nextUrl.contains(keyword) && visited.add(nextUrl)) {
                        queue.offer(nextUrl);
                    }
                }
            }
            // 深度计数器递增
            level++;
        }

        // 尝试将抓取结果保存到 result.properties 文件中，并打印到控制台
        try {
            result.store(new FileOutputStream("result.properties"), null);
            result.list(System.out);
        } catch (IOException e) {
            // 若出现 IO 异常，则打印堆栈跟踪信息
            e.printStackTrace();
        }
    }

    // 方法：发送 HTTP GET 请求，获取指定 URL 的 HTML 内容
```

```java
private static String fetchPageContent(String url) {
    try {
        // 构建 URL 对象并打开链接
        HttpURLConnection connection = (HttpURLConnection) new URL(url).openConnection();
        connection.setRequestMethod("GET");

        // 如果响应码不是 200，则表示请求失败，返回 null
        if (connection.getResponseCode() != 200) {
            System.out.println("*************");
            return null;
        }
        // 获取响应的输入流
        InputStream inputStream = connection.getInputStream();
        // 使用 Scanner 对象读取输入流中的 HTML 内容
        Scanner scanner = new Scanner(inputStream, "UTF-8");
        scanner.useDelimiter("\\A");

        // 读取并存储完整的 HTML 内容
        String content = scanner.hasNext() ? scanner.next() : "";
        scanner.close();
        inputStream.close();
        return content;
    } catch (IOException e) {
        // 若出现 IO 异常，则返回 null
        return null;
    }
}

// 方法：从 HTML 内容中提取<title>标签内的文本作为页面标题
private static String extractTitleFromHtml(String html) {
    int start = html.indexOf("<title>");
    if (start < 0) {
        return "";
    }

    start += "<title>".length();
    int end = html.indexOf("</title>", start);
    if (end < 0) {
        return "";
    }

    return html.substring(start, end).trim();
}

// 方法：从 HTML 内容中提取所有<a>标签的 href 属性值（链接）
private static HashSet<String> extractLinksFromHtml(String html) {
```

```
            HashSet<String> links = new HashSet<>();
            int start = 0;
            while (true) {
                start = html.indexOf("<a", start);
                if (start < 0) {
                    break;
                }

                int hrefStart = html.indexOf("href", start);
                if (hrefStart < 0) {
                    break;
                }

                int quoteStart = html.indexOf("\"", hrefStart);
                if (quoteStart < 0) {
                    break;
                }

                int quoteEnd = html.indexOf("\"", quoteStart + 1);
                if (quoteEnd < 0) {
                    break;
                }

                String link = html.substring(quoteStart + 1, quoteEnd);
                if (link.startsWith("http")) {
                    links.add(link);
                }

                start = quoteEnd;
            }

        return links;
    }
}
```

4.4.4　URL 连接服务器资源

🔊 文本提示

用 Java 编写程序，下载指定 URL 的内容，并将其逐行打印到控制台。

💬 编程思路

（1）导入所需库：导入 java.io.BufferedReader、java.io.IOException、java.io.InputStreamReader、java.net.URL 等类，为程序提供处理网络资源和输入/输出操作所需的功能。

（2）定义主类及主方法：创建一个名称为 URLDownloader 的公共类，包含静态的 main() 方法作为程序的入口。

（3）指定下载 URL：在 main() 方法中，定义一个字符串变量 urlString，赋值为要下载的 URL。

（4）创建 URL 对象：使用 URL 类的构造函数创建一个 URL 对象，传入 urlString 作为参数。

（5）设置字符流读取器：创建一个 BufferedReader 对象，通过 InputStreamReader 将 URL 对象打开的字节流转换为字符流。这样可以方便地以文本方式读取 URL 内容。

（6）读取并打印内容：使用 BufferedReader 对象的 readLine()方法逐行读取 URL 内容。在每次调用 readLine()方法后，检查返回值是否为 null。如果不为 null，则说明读取到了一行文本，将其打印到控制台。当 readLine()返回 null 时，表示内容已全部读取完毕。

（7）关闭字符流读取器：在所有内容读取完毕后，关闭 BufferedReader 对象以释放占用的系统资源。

（8）异常处理：使用 try-catch 结构包围上述读取和打印内容的代码，捕获可能抛出的 IOException。在 catch 结构中，打印异常的堆栈跟踪信息，以便于调试和问题定位。

具体代码及解释如下：

```java
// 导入 BufferedReader 类，用于从字符输入流中读取文本数据
import java.io.BufferedReader;
// 导入 IOException 类，处理输入/输出操作中可能发生的异常
import java.io.IOException;
// 导入 InputStreamReader 类，将字节流转换为字符流
import java.io.InputStreamReader;
// 导入 URL 类，用于处理网络资源的统一资源定位符（URL）
import java.net.URL;

public class URLDownloader {
    public static void main(String[] args) {
        // 定义要下载的 URL 字符串，此处为示例，实际使用时可替换为实际目标 URL
        String urlString = "https://www.×××.com";

        try {
            // 使用 URL 类的构造函数创建一个 URL 对象，传入待下载的 URL 字符串
            URL url = new URL(urlString);

            // 创建一个 BufferedReader 对象
            // 使用 InputStreamReader 将 URL 对象打开的字节流转换为字符流
            BufferedReader in = new BufferedReader(new InputStreamReader(url.openStream()));

            // 初始化一个临时变量 inputLine，用于存储每次读取的一行文本
            String inputLine;

            // 当从输入流中成功读取到一行文本（不为 null）时，执行循环体
            while ((inputLine = in.readLine()) != null) {
                // 将读取到的文本行打印到控制台
                System.out.println(inputLine);
            }

            // 关闭 BufferedReader 对象，释放相关资源
```

```
            in.close();
        } catch (IOException e) {
            // 如果在打开 URL、读取数据或关闭输入流的过程中发生异常，则打印异常的堆栈跟踪信息
            e.printStackTrace();
        }
    }
}
```

4.4.5　多线程连接 URL

💬 **文本提示**

编写一段代码，用于并行下载指定 URL 的内容，并将下载结果保存到本地文件（例如 "d:\55.txt"）。支持 HTTPS：确保可以安全地连接到目标 URL 进行下载。代码需实现以下功能：

（1）多线程下载：设定一个可配置的线程数（例如 4），将下载任务分割成多个部分，每个部分由一个独立线程负责。

（2）分段下载：为每个线程设置合适的 HTTP "Range" 请求头，以便从服务器请求指定范围的数据。

（3）数据合并：下载完成后，将各个线程下载的局部数据合并成完整的文件内容。

（4）错误处理：捕获并记录下载过程中可能遇到的异常。

（5）同步控制：使用 CountDownLatch 确保所有下载任务完成后再继续后续操作（如合并文件）。

💬 **编程思路**

（1）导入所需库：导入支持 HTTPS 连接的 javax.net.ssl.HttpsURLConnection 类；导入与输入/输出流操作相关的 java.io 包；导入处理网络 URL 的 java.net.URL 类；导入用于多线程同步的 java.util.concurrent.CountDownLatch 类。

（2）定义主类与常量：创建一个名称为 ParallelURLDownloader 的公共类。在类中声明静态常量，如存储待下载 URL 的字符串变量 urlString；表示并行下载线程数的整型变量 numOfThreads；指定下载后文件的保存路径及名称的字符串变量 outputFile。

（3）编写主方法：在 main() 方法中，按照以下步骤执行。使用给定的 urlString 创建 URL 对象；打开到该 URL 的 HttpsURLConnection，获取待下载内容的总长度；初始化一个 CountDownLatch 对象，计数值为 numOfThreads，用于同步等待所有下载任务完成；创建一个 ByteArrayOutputStream 数组，用于存储各线程下载的部分数据；计算每个线程应下载的数据量，并遍历启动指定数量的线程，每个线程负责下载文件的一部分；使用 latch.await() 等待所有下载任务完成；打开目标文件的 FileOutputStream，将所有部分数据合并写入输出文件。

（4）定义下载任务类：在 ParallelURLDownloader 类中定义一个静态内部类 DownloadTask，实现 Runnable 接口，作为下载任务的具体逻辑。在 DownloadTask 类中声明私有成员变量，分别存储下载任务所需的 URL、起止位置、输出缓冲区及同步用的 CountDownLatch。编写构造函数，初始化 DownloadTask 实例的各项属性。实现 Runnable 接口的 run() 方法，定义下载任务的具体执行逻辑：根据任务中的 URL 创建新的 URL 对象；打开到该 URL 的 HttpsURLConnection，设置请求头中的 "Range" 字段，指示下载指定范围的数据；通过连接获取输入流，循环读取并写入任务关联的输出缓冲区。异常处理：捕获并打印下载过程中可能

发生的 IOException。任务完成后，无论是否出现异常，都递减 CountDownLatch 计数值。

具体代码及解释如下：

```java
// 导入用于支持 HTTPS 连接的类
import javax.net.ssl.HttpsURLConnection;
// 导入与输入/输出流操作相关的类
import java.io.*;
// 导入处理网络 URL 的类
import java.net.URL;
// 导入用于多线程同步的 CountDownLatch 类
import java.util.concurrent.CountDownLatch;

// 定义一个名称为 ParallelURLDownloader 的公共类，实现并行下载指定 URL 内容的功能
public class ParallelURLDownloader {

    // 定义待下载的 URL 地址，此处为示例值，实际使用时替换为需要下载的目标 URL
    private static final String urlString = "https://www.×××.com";

    // 定义并行下载所使用的线程数，本例中设为 4 个线程
    private static final int numOfThreads = 4;

    // 定义下载后文件的保存路径及名称
    private static final String outputFile = "d:\\55.txt";

    // 主方法，程序入口
    public static void main(String[] args) throws IOException, InterruptedException {

        // 将给定的 URL 字符串转换为 URL 对象
        URL url = new URL(urlString);

        // 创建并打开到指定 URL 的 HTTPS 连接
        HttpsURLConnection connection = (HttpsURLConnection) url.openConnection();

        // 获取待下载内容的总长度（以字节为单位）
        int contentLength = connection.getContentLength();

        // 关闭当前连接，释放资源
        connection.disconnect();

        // 初始化一个 CountDownLatch 对象，计数值为并行线程数，用于主线程等待所有下载任务完成
        CountDownLatch latch = new CountDownLatch(numOfThreads);

        // 创建一个数组，用于存储各线程下载得到的部分数据
        ByteArrayOutputStream[] partialResults = new ByteArrayOutputStream[numOfThreads];

        // 计算每个线程应下载的数据量（尽可能均匀分配）
        int partSize = (contentLength + numOfThreads - 1) / numOfThreads;
```

```java
        // 遍历并启动指定数量的线程，每个线程负责下载文件的一部分
        for (int i = 0; i < numOfThreads; i++) {
            int start = i * partSize;     // 当前线程下载的起始位置
            // 当前线程下载的结束位置（不超过文件总长度）
            int end = Math.min(start + partSize - 1, contentLength - 1);

            // 为当前线程创建一个 ByteArrayOutputStream，用于存储下载的部分数据
            partialResults[i] = new ByteArrayOutputStream();

            // 启动新线程，执行下载任务
            new Thread(new DownloadTask(urlString, start, end, partialResults[i], latch)).start();
        }

        // 主线程等待所有下载任务完成（CountDownLatch 计数值减至 0）
        latch.await();

        // 使用 try-with-resources 语句打开目标文件的输出流，准备写入下载结果
        try (FileOutputStream out = new FileOutputStream(outputFile)) {

            // 遍历所有部分数据，将其合并写入输出文件
            for (ByteArrayOutputStream partialResult : partialResults) {
                partialResult.writeTo(out);
            }
        }
    }

    // 定义一个静态内部类 DownloadTask，实现 Runnable 接口，作为下载任务的具体逻辑
    static class DownloadTask implements Runnable {

        // 声明私有成员变量
        // 分别存储下载任务所需的 URL、起止位置、输出缓冲区及同步用的 CountDownLatch
        private String urlString;
        private int start;
        private int end;
        private ByteArrayOutputStream out;
        private CountDownLatch latch;

        // 构造函数，初始化 DownloadTask 实例的各项属性
        public DownloadTask(String urlString, int start, int end, ByteArrayOutputStream out, CountDownLatch latch) {

            this.urlString = urlString;
            this.start = start;
            this.end = end;
            this.out = out;
            this.latch = latch;
```

```java
}

// 实现 Runnable 接口的 run()方法，定义下载任务的具体执行逻辑
@Override
public void run() {
    try {
        // 根据任务中的 URL 创建新的 URL 对象
        URL url = new URL(urlString);

        // 打开到该 URL 的 HTTPS 连接，并设置请求头中的"Range"字段
        // 指示下载指定范围的数据
        HttpsURLConnection connection = (HttpsURLConnection) url.openConnection();
        connection.setRequestProperty("Range", "bytes=" + start + "-" + end);

        // 通过连接获取输入流，开始读取数据
        try (InputStream in = connection.getInputStream()) {
            // 创建缓冲区，用于临时存放读取到的数据
            byte[] buffer = new byte[4096];
            int bytesRead;

            // 循环读取输入流，直到无更多数据可读
            while ((bytesRead = in.read(buffer)) != -1) {
                // 将读取到的数据写入任务关联的输出缓冲区
                out.write(buffer, 0, bytesRead);
            }
        }
    } catch (IOException e) {
        // 如果在下载过程中发生异常，则打印堆栈跟踪信息
        e.printStackTrace();
    } finally {
        // 无论下载是否成功，任务完成后均递减 CountDownLatch 计数值
        latch.countDown();
    }
}
}
}
```

4.4.6　面向连接通信程序

📢 文本提示

　　用 Java 编写一个服务器程序，它在本地 8888 端口监听客户端连接请求。当有客户端连接时，服务器从客户端接收并打印出每一条发送过来的消息，然后将接收到的消息原样回传给客户端。再编写一个客户端程序，尝试连接到本地主机（localhost）的 8888 端口。连接成功后，客户端向服务器发送预定义的多条消息，并在每次发送后接收并打印服务器的响应。预定义的消息包括"Hello, server!""How are you?""Goodbye!"。

⚫ **编程思路**

（1）服务器设计。

1）导入所需包：首先导入 java.io 包中的 BufferedReader、IOException、InputStream、InputStreamReader、OutputStream、PrintWriter 等类，以及 java.net 包中的 ServerSocket 和 Socket 类，这些是实现网络通信和数据流处理所必需的。

2）定义 Server1 类：创建一个公共类 Server1，作为程序的主要逻辑载体。

3）主方法。

- 启动服务器：在 main()方法中，创建一个 ServerSocket 实例，指定监听端口为 8888。此时，服务器开始监听该端口，等待客户端连接。
- 捕获资源：使用 try-with-resources 语句自动管理 ServerSocket 和 Socket 资源，确保在程序结束时可以正确关闭它们。

4）等待客户端连接：调用 serverSocket.accept()方法，阻塞等待客户端连接请求。一旦有客户端成功连接，该方法返回一个与客户端通信的 Socket 对象。

5）设置输入/输出流：从客户端 Socket 对象获取输入流（InputStream）和输出流（OutputStream），基于这两个原始流，分别创建 BufferedReader 和 PrintWriter 对象，以便于处理文本数据（即按行读写字符串）。

6）循环接收并回复消息：使用 BufferedReader 对象的 readLine()方法，循环读取客户端发送的每一行文本消息；每次接收到消息后，将其打印到控制台，并通过 PrintWriter 对象的 println()方法将接收到的消息原样回传给客户端；当 readLine()返回 null 时，表示客户端已断开连接或发送了 EOF（文件结束符），此时跳出循环。

7）异常处理：在整个程序执行过程中，如果发生 IOException，则捕获并打印堆栈跟踪信息，便于定位问题。

（2）客户端设计。

1）导入所需包：与服务器类似，导入 java.io 和 java.net 包中的相关类，以支持网络通信和数据流操作。

2）定义 Client1 类：创建一个公共类 Client1，作为客户端程序的主要逻辑载体。

3）主方法。

- 建立连接：在 main()方法中，创建一个 Socket 实例，指定连接到本地主机（localhost）的端口 8888。此时，客户端尝试与服务器建立连接。
- 捕获资源：同样使用 try-with-resources 语句自动管理 Socket 及其关联的输入/输出流资源。

4）设置输入/输出流：从已建立连接的 Socket 对象获取 InputStream 和 OutputStream，并基于这两个原始流创建 BufferedReader 和 PrintWriter 对象，以便处理文本数据。

5）预定义消息及发送。

- 定义一个字符串数组 messages，包含三条预设的文本消息。
- 使用 for-each 循环遍历数组，对每条消息执行以下操作：通过 PrintWriter 对象的 println()方法将当前消息发送给服务器；调用 BufferedReader 对象的 readLine()方法，等待并接收服务器的响应；将接收到的响应打印到控制台。

6）异常处理：在整个程序执行过程中，如果发生 IOException，则捕获并打印堆栈跟踪信息，便于定位问题。

具体代码及解释如下：

```java
// Server1.java 服务器
// 导入需要的 Java IO 包和网络通信包
import java.io.BufferedReader;
import java.io.IOException;
import java.io.InputStream;
import java.io.InputStreamReader;
import java.io.OutputStream;
import java.io.PrintWriter;
import java.net.ServerSocket;
import java.net.Socket;

// 定义一个名称为 Server1 的公共类
public class Server1 {
    // 主方法，程序入口
    public static void main(String[] args) {
        try (
            // 创建监听端口为 8888 的 ServerSocket 对象
            ServerSocket serverSocket = new ServerSocket(8888)
        ) {
            System.out.println("Server started...");

            try (
                // 等待客户端连接，返回与客户端通信的 Socket 对象
                Socket clientSocket = serverSocket.accept()
            ) {
                System.out.println("Client connected...");

                // 获取客户端 Socket 对象的输入流和输出流
                InputStream in = clientSocket.getInputStream();
                OutputStream out = clientSocket.getOutputStream();

                // 为输入流创建 BufferedReader 对象，方便读取文本数据
                // 为输出流创建 PrintWriter 对象，用于发送文本数据
                BufferedReader bin = new BufferedReader(new InputStreamReader(in));
                PrintWriter bout = new PrintWriter(out, true);

                // 循环接收客户端发送的每一行文本消息
                String inputLine;
                while ((inputLine = bin.readLine()) != null) {
                    System.out.println("Received from client: " + inputLine);
                    // 将接收到的消息原样发送回客户端
                    bout.println(inputLine);
                }
```

```
                }
            } catch (IOException e) {
                // 捕获并打印任何可能出现的 IO 异常
                e.printStackTrace();
            }
        }
    }

// Client1.java 客户端
// 导入需要的 Java IO 包和网络通信包
import java.io.BufferedReader;
import java.io.IOException;
import java.io.InputStreamReader;
import java.io.PrintWriter;
import java.net.Socket;

// 定义一个名称为 Client1 的公共类
public class Client1 {
    // 主方法，程序入口
    public static void main(String[] args) {
        try (
            // 创建连接到本地主机（localhost）、端口为 8888 的 Socket 对象
            Socket socket = new Socket("localhost", 8888)
        ) {
            System.out.println("Client connected to server...");

            // 获取 Socket 对象的输入流和输出流
            // 分别创建 BufferedReader 对象和 PrintWriter 对象以处理文本数据
            BufferedReader in = new BufferedReader(new InputStreamReader(socket.getInputStream()));
            PrintWriter out = new PrintWriter(socket.getOutputStream(), true);

            // 定义一个数组，包含要发送给服务器的三条消息
            String[] messages = {"Hello, server!", "How are you?", "Goodbye!"};

            // 遍历消息数组，依次发送每条消息并接收服务器响应
            for (String message : messages) {
                out.println(message);
                String response = in.readLine();
                System.out.println("Received from server: " + response);
            }
        } catch (IOException e) {
            // 捕获并打印任何可能出现的 IO 异常
            e.printStackTrace();
        }
    }
}
```

上述两段代码共同实现了客户端与服务器之间的简单双向文本通信。服务器仅做消息中继，接收到客户端消息后原样返回客户端。客户端向服务器发送预定义的三条消息，并在每次发送后接收服务器的响应，将响应内容打印到控制台。

4.4.7 非多线程支持的服务器—客户端通信系统

文本提示

用 Java 实现一个非多线程支持的交互式的服务器—客户端通信系统，具体要求如下：

（1）服务器程序，监听本地端口 8888，等待客户端连接。连接建立后，服务器进入循环，提示用户在控制台输入消息。用户输入的消息被发送至客户端，并显示接收到的客户端响应。当用户输入"exit"时，服务器退出循环并结束程序。

（2）客户端程序，连接到本地主机（localhost）、端口为 8888 的服务器。连接成功后，客户端同样进入循环，提示用户在控制台输入消息。用户输入的消息被发送至服务器，并显示接收到的服务器响应。当用户输入"exit"时，客户端退出循环并结束程序。

编程思路

（1）服务器设计。

1）导入所需包：导入 java.io 和 java.net 包中的相关类，用于网络通信和数据流操作。

2）定义 Server2 类：创建一个公共类 Server2，作为服务器程序的主体。

3）主方法。

● 启动服务器：创建 ServerSocket 对象，监听本地端口 8888。

● 捕获资源：使用 try-with-resources 语句自动管理 ServerSocket 和 Socket 资源。

4）等待客户端连接：调用 serverSocket.accept()方法，阻塞等待客户端连接请求。一旦有客户端成功连接，返回一个与之通信的 Socket 对象。

5）设置输入/输出流：从客户端 Socket 对象获取输入流和输出流，创建对应的 BufferedReader 和 PrintWriter 对象，便于处理文本数据。

6）创建控制台输入流：创建一个 BufferedReader 对象，用于从系统控制台（System.in）读取用户输入。

7）循环接收用户输入并通信：在循环中，提示用户输入消息；读取用户的输入，如果用户输入为"exit"，则跳出循环，结束程序，否则，将用户输入的消息发送给客户端，并打印接收到的客户端响应。

8）异常处理：捕获并打印任何可能出现的 IOException。

（2）客户端设计。

1）导入所需包：同服务器，导入 java.io 和 java.net 包中的相关类。

2）定义 Client2 类：创建一个公共类 Client2，作为客户端程序的主体。

3）主方法。

● 建立连接：创建 Socket 对象，连接到本地主机（localhost）的端口 8888。

● 捕获资源：使用 try-with-resources 语句自动管理 Socket 及其关联的输入/输出流资源。

4）设置输入/输出流：从已建立连接的 Socket 对象中获取输入流和输出流，创建对应的 BufferedReader 和 PrintWriter 对象，便于处理文本数据。

5）创建控制台输入流：创建一个 BufferedReader 对象，用于从系统控制台（System.in）

读取用户输入。

6）循环接收用户输入并通信：在循环中，提示用户输入消息；读取用户的输入，如果用户输入为"exit"，则跳出循环，结束程序，否则，将用户输入的消息发送给服务器，并打印接收到的服务器响应。

7）异常处理：捕获并打印任何可能出现的 IOException。

具体代码及解释如下：

```java
// Server2.java 服务器
// 导入需要的 Java IO 包和网络通信包
import java.io.BufferedReader;
import java.io.IOException;
import java.io.InputStreamReader;
import java.io.PrintWriter;
import java.net.ServerSocket;
import java.net.Socket;

// 定义一个名称为 Server2 的公共类
public class Server2 {
    // 主方法，程序入口
    public static void main(String[] args) {
        try (
            // 创建监听端口为 8888 的 ServerSocket 对象
            ServerSocket serverSocket = new ServerSocket(8888)
        ) {
            System.out.println("Server started...");

            try (
                // 等待客户端连接，返回与客户端通信的 Socket 对象
                Socket clientSocket = serverSocket.accept()
            ) {
                System.out.println("Client connected...");

                // 获取客户端 Socket 对象的输入流和输出流
                // 创建相应的 BufferedReader 对象和 PrintWriter 对象
                BufferedReader in = new BufferedReader(new InputStreamReader(clientSocket.getInputStream()));
                PrintWriter out = new PrintWriter(clientSocket.getOutputStream(), true);

                // 创建一个 BufferedReader 对象，从系统控制台（System.in）读取用户输入
                BufferedReader console = new BufferedReader(new InputStreamReader(System.in));
                String inputLine;

                // 循环接收用户输入，将用户输入的消息发送给客户端并接收客户端响应
                // 直到用户输入"exit"
                while (true) {
                    System.out.println("Enter a message to send to the client (type 'exit' to quit): ");
```

```
                    inputLine = console.readLine();
                    if (inputLine.equalsIgnoreCase("exit")) {
                        break;
                    }
                    out.println(inputLine);
                    System.out.println("Received from client: " + in.readLine());
                }
            }
        } catch (IOException e) {
            // 捕获并打印任何可能出现的 IO 异常
            e.printStackTrace();
        }
    }
}


// Client2.java 客户端
// 导入需要的 Java IO 包和网络通信包
import java.io.BufferedReader;
import java.io.IOException;
import java.io.InputStreamReader;
import java.io.PrintWriter;
import java.net.Socket;

// 定义一个名称为 Client2 的公共类
public class Client2 {
    // 主方法，程序入口
    public static void main(String[] args) {
        try (
            // 创建连接到本地主机（localhost）、端口为 8888 的 Socket 对象
            Socket socket = new Socket("localhost", 8888)
        ) {
            System.out.println("Client connected to server...");

            // 获取 Socket 对象的输入流和输出流，并创建相应的 BufferedReader 对象和 PrintWriter 对象
            BufferedReader in = new BufferedReader(new InputStreamReader(socket.getInputStream()));
            PrintWriter out = new PrintWriter(socket.getOutputStream(), true);

            // 创建一个 BufferedReader 对象，从系统控制台（System.in）读取用户输入
            BufferedReader console = new BufferedReader(new InputStreamReader(System.in));
            String inputLine;

            // 循环接收用户输入，将用户输入的消息发送给服务器并接收服务器响应，直到用户输入"exit"
            while (true) {
                System.out.println("Enter a message to send to the server (type 'exit' to quit): ");
                inputLine = console.readLine();
                if (inputLine.equalsIgnoreCase("exit")) {
                    break;
```

```
        }
            out.println(inputLine);

            System.out.println("Received from server: " + in.readLine());
        }
    } catch (IOException e) {
        // 捕获并打印任何可能出现的 IO 异常
        e.printStackTrace();
    }
    }
}
```

这两段代码实现了交互式的服务器—客户端通信系统。服务器和客户端各自创建控制台输入流，通过循环提示用户输入消息，并将用户输入的消息发送给对方。同时，它们各自接收对方的响应并打印到控制台。用户在任意一方输入"exit"时，会终止通信循环并结束程序。

4.4.8 多线程支持的服务器—客户端通信系统

文本提示

用 Java 实现一个多线程支持的交互式的服务器—客户端通信系统，其中读写操作分别由独立的线程执行，具体要求如下：

（1）服务器程序，监听本地端口 8888，等待客户端连接。连接建立后，创建以下两个线程：

1）读线程：从客户端接收消息并打印到控制台，直到接收到 EOF。

2）写线程：从系统控制台（System.in）读取用户输入，发送给客户端；当用户输入"exit"时，线程结束。

（2）客户端程序，连接到本地主机（localhost）、端口为 8888 的服务器。连接成功后，同样创建以下两个线程：

1）读线程：从服务器接收消息并打印到控制台，直到接收到 EOF。

2）写线程：从系统控制台读取用户输入，发送给服务器；当用户输入"exit"时，线程结束。

编程思路

（1）服务器设计。

1）导入所需包：导入 java.io 和 java.net 包中的相关类，用于网络通信和数据流操作。

2）定义 Server3 类：创建一个公共类 Server3，作为服务器程序的主体。

3）主方法。

● 启动服务器：创建 ServerSocket 对象，监听本地端口 8888。

● 捕获资源：使用 try-with-resources 语句自动管理 ServerSocket 和 Socket 资源。

4）等待客户端连接：调用 serverSocket.accept()方法，阻塞等待客户端连接请求。一旦有客户端连接，返回一个与之通信的 Socket 对象。

5）设置输入/输出流：从客户端 Socket 对象获取输入流和输出流，创建对应的 BufferedReader 和 PrintWriter 对象，便于处理文本数据。

6）创建读写线程。

● 读线程：创建一个新线程，负责从客户端接收消息并打印到控制台；线程内部使用循环不断调用 in.readLine()方法，直到接收到 EOF。

● 写线程：创建另一个新线程，负责从系统控制台（System.in）读取用户输入并发送给客户端；线程内部使用循环提示用户输入消息，当用户输入"exit"时，线程结束。

7）启动并等待线程：启动读线程和写线程，并通过 join()方法等待它们全部完成。

8）异常处理：捕获并打印任何可能出现的 IOException 或 InterruptedException。

（2）客户端设计。

1）导入所需包：同服务器，导入 java.io 和 java.net 包中的相关类。

2）定义 Client3 类：创建一个公共类 Client3，作为客户端程序的主体。

3）主方法。

● 建立连接：创建 Socket 对象，连接到本地主机（localhost）的 8888 端口。

● 捕获资源：使用 try-with-resources 语句自动管理 Socket 及其关联的输入/输出流资源。

4）设置输入/输出流：从已建立连接的 Socket 对象中获取输入流和输出流，创建对应的 BufferedReader 和 PrintWriter 对象，便于处理文本数据。

5）创建读写线程。

● 读线程：创建一个新线程，负责从服务器接收消息并打印到控制台；线程内部使用循环不断调用 in.readLine()方法，直到接收到 EOF。

● 写线程：创建另一个新线程，负责从系统控制台读取用户输入并发送给服务器；线程内部使用循环提示用户输入消息，当用户输入"exit"时，线程结束。

6）启动并等待线程：启动读线程和写线程，并通过 join()方法等待它们全部完成。

7）异常处理：捕获并打印任何可能出现的 IOException 或 InterruptedException。

具体代码及解释如下：

```java
// Server3.java 服务器
// 导入需要的 Java IO 包和网络通信包
import java.io.BufferedReader;
import java.io.IOException;
import java.io.InputStreamReader;
import java.io.PrintWriter;
import java.net.ServerSocket;
import java.net.Socket;

// 定义一个名称为 Server3 的公共类
public class Server3 {
    // 主方法，程序入口
    public static void main(String[] args) {
        try (
            // 创建监听端口为 8888 的 ServerSocket 对象
            ServerSocket serverSocket = new ServerSocket(8888)
        ) {
            System.out.println("Server started...");
```

```java
try (
    // 等待客户端连接，返回与客户端通信的 Socket 对象
    Socket clientSocket = serverSocket.accept()
) {
    System.out.println("Client connected...");

    // 获取客户端 Socket 对象的输入流和输出流
    // 创建相应的 BufferedReader 对象和 PrintWriter 对象
    BufferedReader in = new BufferedReader(new InputStreamReader(clientSocket.getInputStream()));

    PrintWriter out = new PrintWriter(clientSocket.getOutputStream(), true);

    // 创建读线程，负责从客户端接收消息并打印到控制台
    Thread readThread = new Thread(() -> {
        try {
            String inputLine;
            while ((inputLine = in.readLine()) != null) {
                System.out.println("Received from client: " + inputLine);
            }
        } catch (IOException e) {
            e.printStackTrace();
        }
    });

    // 创建写线程，负责从系统控制台接收用户输入并发送给客户端
    Thread writeThread = new Thread(() -> {
        try {
            BufferedReader console = new BufferedReader(new InputStreamReader(System.in));
            String inputLine;
            while (true) {
                System.out.println("Enter a message to send to the client (type 'exit' to quit): ");
                inputLine = console.readLine();
                if (inputLine.equalsIgnoreCase("exit")) {
                    break;
                }
                out.println(inputLine);
            }
        } catch (IOException e) {
            e.printStackTrace();
        }
    });

    // 启动读线程和写线程，并等待它们全部完成
    readThread.start();
    writeThread.start();
    readThread.join();
```

```java
                writeThread.join();
            }
        } catch (IOException | InterruptedException e) {
            // 捕获并打印任何可能出现的 IO 异常或中断异常
            e.printStackTrace();
        }
    }
}
```

```java
// Client3.java 客户端

// 导入需要的 Java IO 包和网络通信包
import java.io.BufferedReader;
import java.io.IOException;
import java.io.InputStreamReader;
import java.io.PrintWriter;
import java.net.Socket;

// 定义一个名称为 Client3 的公共类
public class Client3 {
    // 主方法，程序入口
    public static void main(String[] args) {
        try (
            // 创建连接到本地主机（localhost）、端口为 8888 的 Socket 对象
            Socket socket = new Socket("localhost", 8888)
        ) {
            System.out.println("Client connected to server...");

            // 获取 Socket 对象的输入流和输出流，并创建相应的 BufferedReader 对象和 PrintWriter 对象
            BufferedReader in = new BufferedReader(new InputStreamReader(socket.getInputStream()));
            PrintWriter out = new PrintWriter(socket.getOutputStream(), true);

            // 创建读线程，负责从服务器接收消息并打印到控制台
            Thread readThread = new Thread(() -> {
                try {
                    String inputLine;
                    while ((inputLine = in.readLine()) != null) {
                        System.out.println("Received from server: " + inputLine);
                    }
                } catch (IOException e) {
                    e.printStackTrace();
                }
            });

            // 创建写线程，负责从系统控制台接收用户输入并发送给服务器
            Thread writeThread = new Thread(() -> {
```

```
        try {
            BufferedReader console = new BufferedReader(new InputStreamReader(System.in));
            String inputLine;
            while (true) {
                System.out.println("Enter a message to send to the server (type 'exit' to quit): ");
                inputLine = console.readLine();
                if (inputLine.equalsIgnoreCase("exit")) {
                    break;
                }
                out.println(inputLine);
            }
        } catch (IOException e) {
            e.printStackTrace();
        }
    });

    // 启动读线程和写线程，并等待它们全部完成
    readThread.start();
    writeThread.start();
    readThread.join();
    writeThread.join();
    } catch (IOException | InterruptedException e) {
        // 捕获并打印任何可能出现的 IO 异常或中断异常
        e.printStackTrace();
    }
  }
}
```

这两段代码实现了交互式的服务器—客户端通信系统。服务器和客户端各自创建读线程和写线程，读线程负责接收对方消息并打印到控制台，写线程负责从系统控制台读取用户输入并发送给对方。用户在任意一方输入"exit"时，会使对应写线程结束，从而触发整个程序退出。

4.4.9 使用界面实现服务器—客户端通信系统

🔊 文本提示

用 Java 实现一个基于 Swing GUI 的服务器—客户端通信系统，具体要求如下：

（1）服务器程序，创建一个具有聊天记录显示区域、输入框和"发送"按钮的 GUI 窗口。用户在输入框中输入消息后单击"发送"按钮，服务器将消息发送给客户端，并在聊天记录显示区域追加服务器发送的消息。服务器接收到客户端的消息后，在聊天记录显示区域追加客户端发送的消息。

（2）客户端程序，创建一个与服务器相似的 GUI 窗口。用户在输入框中输入消息后单击"发送"按钮，客户端将消息发送给服务器，并在聊天记录显示区域追加客户端发送的消息。客户端接收到服务器的消息后，在聊天记录显示区域追加服务器发送的消息。

💬 **编程思路**

（1）服务器设计。

1）导入所需包：导入 Java Swing 库中的 JComponent、BorderLayout 和相关组件，以及 Java IO 包和网络通信包。

2）定义 Server4 类：创建一个公共类 Server4，继承自 JFrame，作为服务器程序的 GUI 窗口。

3）构造方法。

● 初始化窗口：设置窗口标题为"Server"，默认关闭操作为退出程序，窗口大小为 400 像素×400 像素。

● 创建聊天记录显示区域：创建一个不可编辑的 JTextArea 对象，包裹在 JScrollPane 中，添加到窗口中心。

● 创建输入框和"发送"按钮：创建 JTextField 和 JButton 对象，分别用于用户输入消息和触发消息发送。

● 添加"发送"按钮监听器：为"发送"按钮添加 ActionListener，当用户单击按钮时，获取输入框中的消息，通过输出流发送消息给客户端，并在聊天记录显示区域追加服务器发送的消息，最后清空输入框。

● 设置布局：使用 BorderLayout 布局，将聊天记录显示区域放置在中心，将包含输入框和"发送"按钮的面板放置在底部。

● 显示窗口：调用 setVisible(true)方法显示窗口。

4）主方法。

● 启动服务器：创建 ServerSocket 对象，监听本地端口 8888。

● 等待客户端连接：调用 serverSocket.accept()方法，阻塞等待客户端连接请求。一旦有客户端连接，返回一个与之通信的 Socket 对象。

● 设置输入/输出流：从客户端 Socket 对象中获取输入流和输出流，赋值给 Server4 实例的成员变量。

● 循环接收客户端消息：在循环中，从输入流读取客户端消息，并在聊天记录显示区域追加客户端发送的消息。

● 异常处理：捕获并打印任何可能出现的 IO 异常。

（2）客户端设计。

1）导入所需包：同服务器，导入 Java Swing 库中的 JComponent、BorderLayout 和相关组件，以及 Java IO 包和网络通信包。

2）定义 Client4 类：创建一个公共类 Client4，继承自 JFrame，作为客户端程序的 GUI 窗口。

3）构造方法：与服务器类似，初始化客户端的窗口、聊天记录显示区域、输入框、"发送"按钮、"发送"按钮监听器、布局和窗口显示。

4）主方法。

● 建立连接：创建 Socket 对象，连接到本地主机（localhost）的 8888 端口。

● 设置输入/输出流：从已建立连接的 Socket 对象中获取输入流和输出流，赋值给 Client4 实例的成员变量。

- 循环接收服务器消息：在循环中，从输入流读取服务器消息，并在聊天记录显示区域
追加服务器发送的消息。

5）异常处理：捕获并打印任何可能出现的 IO 异常。

具体代码及解释如下：

```java
// Server4.java 服务器
// 导入 Java Swing 库中的 JComponent、BorderLayout 和相关组件，以及 Java IO 包和网络通信包
import javax.swing.*;
import java.awt.*;
import java.awt.event.ActionEvent;
import java.awt.event.ActionListener;
import java.io.BufferedReader;
import java.io.IOException;
import java.io.InputStreamReader;
import java.io.PrintWriter;
import java.net.ServerSocket;
import java.net.Socket;


// 定义一个名称为 Server4 的公共类，继承自 JFrame
public class Server4 extends JFrame {
    // 成员变量：聊天记录显示区域、输入框、"发送"按钮、输入/输出流
    private JTextArea chatArea;
    private JTextField inputField;
    private JButton sendButton;
    private BufferedReader in;
    private PrintWriter out;

    // 构造方法，初始化 GUI 组件和布局
    public Server4() {
        // 设置窗口标题、默认关闭操作（退出程序）、窗口大小
        setTitle("Server");
        setDefaultCloseOperation(JFrame.EXIT_ON_CLOSE);
        setSize(400, 400);

        // 创建聊天记录显示区域（不可编辑），并包裹在 JScrollPane 中
        chatArea = new JTextArea();
        chatArea.setEditable(false);
        getContentPane().add(new JScrollPane(chatArea), BorderLayout.CENTER);

        // 创建输入框和"发送"按钮
        inputField = new JTextField(20);
        sendButton = new JButton("Send");

        // 为"发送"按钮添加动作监听器
        sendButton.addActionListener(new ActionListener() {
            @Override
            public void actionPerformed(ActionEvent e) {
```

```java
            // 从输入框中获取用户输入的消息
            String message = inputField.getText();
            // 通过输出流发送消息给客户端
            out.println(message);
            // 在聊天记录显示区域追加服务器发送的消息
            chatArea.append("Server: " + message + "\n");
            // 清空输入框
            inputField.setText("");
        }
    });

    // 创建包含输入框和"发送"按钮的面板，并将其添加到窗口底部
    JPanel inputPanel = new JPanel();
    inputPanel.add(inputField);
    inputPanel.add(sendButton);
    getContentPane().add(inputPanel, BorderLayout.SOUTH);

    // 显示窗口
    setVisible(true);
}

// 主方法，程序入口
public static void main(String[] args) {
    // 创建 Server4 实例（即 GUI 窗口）
    Server4 server = new Server4();

    try (
        // 创建监听端口为 8888 的 ServerSocket 对象
        ServerSocket serverSocket = new ServerSocket(8888)
    ) {
        System.out.println("Server started...");

        try (
            // 等待客户端连接，返回与客户端通信的 Socket 对象
            Socket clientSocket = serverSocket.accept()
        ) {
            System.out.println("Client connected...");

            // 将接收到的 Socket 对象的输入流和输出流赋值给 Server4 实例的成员变量
            server.in = new BufferedReader(new InputStreamReader(clientSocket.getInputStream()));
            server.out = new PrintWriter(clientSocket.getOutputStream(), true);

            // 循环接收客户端消息，并在聊天记录显示区域追加客户端发送的消息
            String inputLine;
            while ((inputLine = server.in.readLine()) != null) {
                server.chatArea.append("Client: " + inputLine + "\n");
            }
```

```
                }
            } catch (IOException e) {
                // 捕获并打印任何可能出现的 IO 异常
                e.printStackTrace();
            }
        }
    }
```

```
// Client4.java 客户端
// 导入 Java Swing 库中的 JComponent、BorderLayout 和相关组件，以及 Java IO 包和网络通信包
import javax.swing.*;
import java.awt.*;
import java.awt.event.ActionEvent;
import java.awt.event.ActionListener;
import java.io.BufferedReader;
import java.io.IOException;
import java.io.InputStreamReader;
import java.io.PrintWriter;
import java.net.Socket;

// 定义一个名称为 Client4 的公共类，继承自 JFrame
public class Client4 extends JFrame {
    // 成员变量：聊天记录显示区域、输入框、"发送"按钮、输入/输出流
    private JTextArea chatArea;
    private JTextField inputField;
    private JButton sendButton;
    private BufferedReader in;
    private PrintWriter out;

    // 构造方法，初始化 GUI 组件和布局
    public Client4() {
        // 设置窗口标题、默认关闭操作（退出程序）、窗口大小
        setTitle("Client");
        setDefaultCloseOperation(JFrame.EXIT_ON_CLOSE);
        setSize(400, 400);

        // 创建聊天记录显示区域（不可编辑），并包裹在 JScrollPane 中
        chatArea = new JTextArea();
        chatArea.setEditable(false);
        getContentPane().add(new JScrollPane(chatArea), BorderLayout.CENTER);

        // 创建输入框和"发送"按钮
        inputField = new JTextField(20);
        sendButton = new JButton("Send");

        // 为"发送"按钮添加动作监听器
```

```java
        sendButton.addActionListener(new ActionListener() {
            @Override
            public void actionPerformed(ActionEvent e) {
                // 从输入框中获取用户输入的消息
                String message = inputField.getText();
                // 通过输出流发送消息给服务器
                out.println(message);
                // 在聊天记录显示区域追加客户端发送的消息
                chatArea.append("Client: " + message + "\n");
                // 清空输入框
                inputField.setText("");
            }
        });

        // 创建包含输入框和"发送"按钮的面板，并将其添加到窗口底部
        JPanel inputPanel = new JPanel();
        inputPanel.add(inputField);
        inputPanel.add(sendButton);
        getContentPane().add(inputPanel, BorderLayout.SOUTH);

        // 显示窗口
        setVisible(true);
    }

    // 主方法，程序入口
    public static void main(String[] args) {
        // 创建 Client4 实例（即 GUI 窗口）
        Client4 client = new Client4();

        try (
            // 创建连接到本地主机（localhost）、端口为 8888 的 Socket 对象
            Socket socket = new Socket("localhost", 8888)
        ) {
            System.out.println("Client connected to server...");

            // 将接收到的 Socket 对象的输入流和输出流赋值给 Client4 实例的成员变量
            client.in = new BufferedReader(new InputStreamReader(socket.getInputStream()));
            client.out = new PrintWriter(socket.getOutputStream(), true);

            // 循环接收服务器消息，并在聊天记录显示区域追加服务器发送的消息
            String inputLine;
            while ((inputLine = client.in.readLine()) != null) {
                client.chatArea.append("Server: " + inputLine + "\n");
            }
        } catch (IOException e) {
            // 捕获并打印任何可能出现的 IO 异常
```

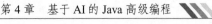

```
                e.printStackTrace();
        }
    }
}
```

这两段代码实现了基于 Swing GUI 的服务器—客户端通信系统。服务器和客户端各自创建具有聊天记录显示区域、输入框和"发送"按钮的窗口。用户在各自的窗口内输入消息，单击"发送"按钮后，消息将通过网络发送给对方，并在各自的聊天记录显示区域更新。整个系统允许用户在服务器和客户端之间进行实时文本交流，直至任意一端关闭窗口或程序异常终止。

4.4.10　非面向连接通信

文本提示

用 Java 编写一个简单的例子，包括一个发送端（Sender）和一个接收端（Receiver）。它们之间无须建立连接即可直接发送和接收数据，即 UDP 通信。

编程思路

（1）发送端设计。

1）导入必要的 Java 库，如 java.io.IOException、java.net.DatagramPacket、java.net. DatagramSocket 和 java.net.InetAddress。

2）定义主方法 main()，并在其中编写主要逻辑。

3）设置目标 IP 地址和端口。在此示例中，目标 IP 地址为本地主机（127.0.0.1），端口为8888。

4）定义要发送的消息内容。

5）将消息内容转换为字节数组，以便通过 UDP 数据报进行传输。

6）创建 DatagramSocket 对象，用于发送数据报。由于发送端不需要固定监听某个端口，因此可以创建一个未绑定特定端口的 DatagramSocket 对象。

7）创建 DatagramPacket 对象，封装要发送的数据（字节数组）、数据长度、目标 IP 地址和目标端口。

8）使用 DatagramSocket 对象的 send()方法发送数据报。

9）打印已发送的消息内容。

10）关闭 DatagramSocket 对象，释放系统资源。

11）使用 try-catch 结构处理可能出现的 IOException。

（2）接收端设计。

1）导入必要的 Java 库，与发送端相同。

2）定义主方法 main()，并在其中编写主要逻辑。

3）设置本地监听端口，同样为 8888。

4）创建并绑定到指定端口（8888）的 DatagramSocket 对象，用于接收数据报。

5）打印监听状态信息。

6）进入无限循环，持续监听接收数据报。

7）在循环内部，创建一个足够大的缓冲区（例如 1024 字节）来接收数据报。

8）创建 DatagramPacket 对象，准备接收数据，指定缓冲区及其长度。

9）使用 DatagramSocket 对象的 receive()方法接收数据报，将接收到的数据存入 DatagramPacket 对象。

10）解析接收到的数据，将字节数组转换回字符串，并获取发送者的 IP 地址和端口。

11）打印接收到的消息及发送者信息。

12）使用 try-catch 结构处理可能出现的 IOException。

具体代码及解释如下：

```java
// Sender.java 发送端
import java.io.IOException;                    // 导入处理输入/输出异常的类
import java.net.DatagramPacket;                // 导入用于发送和接收 UDP 数据报的类
import java.net.DatagramSocket;                // 导入用于发送和接收 UDP 数据报的套接字类
import java.net.InetAddress;                   // 导入用于表示互联网协议（IP）地址的类

public class Sender {                          // 定义发送端类

    public static void main(String[] args) {   // 主方法入口
        try {
            // 目标 IP 地址和端口
            String targetIP = "127.0.0.1";     // 设置目标 IP 地址为本地主机（localhost）
            int targetPort = 8888;             // 设置目标端口为 8888

            // 发送的消息
            String message = "Hello, UDP!";    // 设置要发送的消息内容

            // 将消息内容转换为字节数组
            // 使用 String 类的 getBytes()方法将消息内容转换为字节数组
            byte[] data = message.getBytes();

            // 创建 DatagramSocket 对象，用于发送数据报
            // 创建一个未绑定特定端口的 DatagramSocket 对象，用于发送数据报
            DatagramSocket socket = new DatagramSocket();

            // 创建 DatagramPacket 对象，封装要发送的数据和目标地址信息
            // 根据目标 IP 地址字符串创建 InetAddress 对象
            InetAddress address = InetAddress.getByName(targetIP);
            // 创建 DatagramPacket 对象，包含待发送的数据、数据长度、目标 IP 地址和目标端口
            DatagramPacket packet = new DatagramPacket(data, data.length, address, targetPort);

            // 发送数据报
            socket.send(packet);               // 使用 DatagramSocket 对象的 send()方法发送数据报

            System.out.println("Message sent: " + message);    // 打印已发送的消息内容

            // 关闭套接字
            socket.close();                    // 关闭 DatagramSocket 对象，释放系统资源
```

```java
        } catch (IOException e) {              // 处理可能出现的输入/输出异常
            e.printStackTrace();               // 打印异常堆栈跟踪信息
        }
    }
}
// Receiver.java 接收端
import java.io.IOException;                     // 导入处理输入/输出异常的类
import java.net.DatagramPacket;                 // 导入用于发送和接收 UDP 数据报的类
import java.net.DatagramSocket;                 // 导入用于发送和接收 UDP 数据报的套接字类

public class Receiver {                         // 定义接收端类

    public static void main(String[] args) {    // 主方法入口
        try {
            // 本地监听的端口
            int listenPort = 8888;              // 设置本地监听端口为 8888

            // 创建 DatagramSocket 对象，用于接收数据报
            // 创建并绑定到指定端口（8888）的 DatagramSocket 对象，用于接收数据报
            DatagramSocket socket = new DatagramSocket(listenPort);

            // 打印监听状态信息
            System.out.println("Listening on port " + listenPort + " for incoming messages...");

            while (true) {                      // 进入无限循环，持续监听接收数据报
                // 创建一个足够大的缓冲区来接收数据报
                // 创建一个大小为 1024 字节的缓冲区，用于存放接收到的数据
                byte[] buffer = new byte[1024];

                // 创建 DatagramPacket 对象，用于接收数据
                // 创建 DatagramPacket 对象，准备接收数据，指定缓冲区及其长度
                DatagramPacket packet = new DatagramPacket(buffer, buffer.length);

                // 接收数据报
                // 使用 DatagramSocket 对象的 receive()方法接收数据报，将接收到的数据存入 packet
                socket.receive(packet);

                // 解析接收到的数据
                // 将接收到的数据字节数组转换回字符串
                String receivedMessage = new String(packet.getData(), 0, packet.getLength());
                InetAddress senderAddress = packet.getAddress();    // 获取发送者 IP 地址
                int senderPort = packet.getPort();                  // 获取发送者的端口

                System.out.println("Received message from " + senderAddress.getHostAddress() + ":" +
senderPort + ": " + receivedMessage);         // 打印接收到的消息及发送者信息
```

```
        }
    } catch (IOException e) {          // 处理可能出现的输入/输出异常
        e.printStackTrace();           // 打印异常堆栈跟踪信息
    }
  }
}
```

4.4.11　非面向连接通信——抓取数据

文本提示

编写 Java 程序实现非面向连接通信（UDP）下发送端向接收端发送屏幕截图的功能。发送端首先截取全屏图像，将其转换为字节数组，并分割成多个数据包（不超过最大有效载荷），然后逐个发送。发送的第一个数据包包含数据包总数信息。接收端接收第一个数据包后，解析出图像数据并保存为 JPEG 文件。

编程思路

（1）发送端设计。

1）导入必要的 Java 库，如 javax.imageio.ImageIO、java.awt.*、java.io.*、java.net.*。

2）定义主方法 main()，并在其中编写主要逻辑。

3）创建 DatagramSocket 对象，用于发送数据报。

4）设置目标 IP 地址为本地主机（localhost），端口为 12345。

5）创建 Robot 对象，用于截取全屏图像。

6）获取当前屏幕的尺寸。

7）截取全屏图像并存储为 BufferedImage 对象。

8）将图像以 JPEG 格式写入 ByteArrayOutputStream，然后转换为字节数组。

9）计算需要发送的数据包数量（向上取整）。

10）将数据包总数转换为字节数组，并发送第一个数据包，包含数据包总数信息。

11）分割图像数据字节数组为多个数据包，逐个发送。

12）打印发送完成信息。

13）使用 try-catch 结构处理可能出现的 IOException 和 AWTException。

（2）接收端设计。

1）导入必要的 Java 库，与发送端类似。

2）定义主方法 main()，并在其中编写主要逻辑。

3）创建并绑定到指定端口（12345）的 DatagramSocket 对象，用于接收数据报。

4）创建足够大的缓冲区，用于接收单个数据包。

5）创建 DatagramPacket 对象，准备接收数据。

6）接收第一个数据包（包含数据包总数信息）。

7）打印接收到的图像数据的提示。

8）将接收到的数据转换为 ByteArrayInputStream，然后读取并解析图像。

9）创建 FileOutputStream 对象，指向保存图像的目标文件。

10）将图像以 JPEG 格式写入目标文件。

11）打印保存成功信息。

12）使用 try-catch 结构处理可能出现的 IOException。

具体代码及解释如下：

```java
// Send2.java 发送端
// 导入用于读取和写入图像的工具类
import javax.imageio.ImageIO;
// 导入与 AWT 相关的类，用于获取屏幕尺寸、创建 Robot 对象等
import java.awt.*;
import java.awt.image.BufferedImage;
// 导入用于处理字节数组流的类
import java.io.ByteArrayOutputStream;
import java.io.IOException;
// 导入用于非面向连接通信的类
import java.net.DatagramPacket;
import java.net.DatagramSocket;
import java.net.InetAddress;

public class Send2 {
    // 定义最大缓冲区大小（UDP 数据报的最大有效载荷）
    public static final int MAX_BUFFER_SIZE = 65507;

    public static void main(String[] args) {
        // 创建 DatagramSocket 对象，用于发送数据报
        try (DatagramSocket socket = new DatagramSocket()) {
            // 设置目标 IP 地址为本地主机（localhost）
            InetAddress address = InetAddress.getByName("localhost");
            int port = 12345;              // 设置目标端口为 12345

            Robot robot = new Robot();     // 创建 Robot 对象，用于截取全屏图像

            // 获取当前屏幕的尺寸
            Rectangle screenRect = new Rectangle(Toolkit.getDefaultToolkit().getScreenSize());

            BufferedImage image = robot.createScreenCapture(screenRect);    // 截取全屏图像

            // 创建 ByteArrayOutputStream 对象，用于存储图像数据
            ByteArrayOutputStream baos = new ByteArrayOutputStream();
            ImageIO.write(image, "jpg", baos);    // 将图像以 JPEG 格式写入 ByteArrayOutputStream

            byte[] buffer = baos.toByteArray();    // 将图像数据转换为字节数组

            // 计算需要发送的数据包数量（向上取整）
            int numPackets = (int) Math.ceil(buffer.length / (double) MAX_BUFFER_SIZE);
```

```java
                // 发送数据包总数
                byte[] numPacketsBuffer = String.valueOf(numPackets).getBytes();
                DatagramPacket numPacketsPacket = new DatagramPacket(numPacketsBuffer,
numPacketsBuffer.length, address, port);
                socket.send(numPacketsPacket);

                System.out.println(numPackets);                    // 打印需发送的数据包总数

                // 发送图像数据
                for (int i = 0; i < numPackets; i++) {
                    int offset = i * MAX_BUFFER_SIZE;              // 计算当前数据包的偏移量
                    // 计算当前数据包的长度
                    int length = Math.min(MAX_BUFFER_SIZE, buffer.length - offset);
                    byte[] packetData = new byte[length];          // 创建当前数据包字节数组
                    // 从原始图像数据字节数组复制数据到当前数据包字节数组
                    System.arraycopy(buffer, offset, packetData, 0, length);

                    DatagramPacket packet = new DatagramPacket(packetData, packetData.length, address,
port);                                                              // 创建 DatagramPacket 对象
                    socket.send(packet);                           // 发送当前数据包
                    System.out.println(i);                         // 打印已发送数据包的序号
                }

                System.out.println("Image sent to the client.");  // 打印发送完成信息

            } catch (IOException | AWTException e) {               // 处理可能出现的异常
                e.printStackTrace();
            }
        }
    }
// Recv2.java 接收端
// 导入用于读取和写入图像的工具类
import javax.imageio.ImageIO;
// 导入用于处理 BufferedImage 的类
import java.awt.image.BufferedImage;
// 导入用于处理字节数组流的类
import java.io.ByteArrayInputStream;
import java.io.File;
import java.io.FileOutputStream;
import java.io.IOException;
// 导入用于非面向连接通信的类
import java.net.DatagramPacket;
import java.net.DatagramSocket;

public class Recv2 {
    public static void main(String[] args) {
```

```
            // 创建并绑定到指定端口（12345）的 DatagramSocket 对象，用于接收数据报
            try (DatagramSocket socket = new DatagramSocket(12345)) {
                byte[] buffer = new byte[65507];      // 创建足够大的缓冲区，用于接收单个数据包

                // 创建 DatagramPacket 对象，准备接收数据
                DatagramPacket packet = new DatagramPacket(buffer, buffer.length);
                socket.receive(packet);              // 接收第一个数据包（包含数据包总数信息）

                System.out.println("Image received from server.");     // 打印接收到的图像数据的提示

                ByteArrayInputStream bais = new ByteArrayInputStream(packet.getData(), 0, packet.getLength());
                // 将接收到的数据转换为 ByteArrayInputStream
                BufferedImage image = ImageIO.read(bais);      // 从 ByteArrayInputStream 读取并解析图像

                // 创建 FileOutputStream 对象，指向保存图像的目标文件
                FileOutputStream outputFile = new FileOutputStream("d:\\66.jpg");
                ImageIO.write(image, "jpg", outputFile);               // 将图像以 JPEG 格式写入目标文件

                System.out.println("Image saved to 'd:\\66.jpg'.");     // 打印保存成功信息

            } catch (IOException e) {                               // 处理可能出现的异常
                e.printStackTrace();
            }
        }
    }
```

4.4.12　屏幕广播发送端

🔊 **文本提示**

用 Java 实现一个屏幕广播服务器，该服务器持续监听指定端口（默认为 12345），接受客户端连接，并周期性截取屏幕图像（JPEG 格式）发送给所有已连接的客户端；采用多线程处理客户端连接和屏幕捕捉广播，以确保服务器的稳定运行和高效数据传输。

💬 **编程思路**

（1）导入所需包。

（2）定义类与常量：创建一个公共类 ScreenBroadcastServer；定义服务器监听端口常量 PORT（默认值为 12345）；定义屏幕捕捉间隔时间常量 CAPTURE_INTERVAL_MS（默认值为 1000 毫秒）。

（3）主方法。

1）创建客户端 Socket 列表：初始化一个空的 ArrayList 用于存放已连接的客户端 Socket。

2）创建并监听 ServerSocket：使用 ServerSocket 类创建一个监听指定端口的对象；输出服务器启动提示信息。

3）启动新线程接受客户端连接：创建一个新的线程，该线程无限循环地调用 ServerSocket 对象的 accept()方法，等待并接受新客户端的连接，当有新客户端连接时，将客户端 Socket 添加到 clients 列表，并输出客户端连接提示信息。

4）周期性截取并广播屏幕图像：创建 Robot 对象，用于截取屏幕图像。获取屏幕尺寸，用于创建屏幕截图。进入无限循环，每隔 CAPTURE_INTERVAL_MS 毫秒执行以下操作。截取当前屏幕图像并保存为 BufferedImage 对象；将 BufferedImage 对象转换为 JPEG 格式的字节数组；遍历 clients 列表，向每个客户端的 Socket 对应的 OutputStream 发送图像数据，若在发送过程中遇到异常，则输出客户端断开连接提示信息，并从 clients 列表中移除该客户端。休眠 CAPTURE_INTERVAL_MS 毫秒，等待下一轮屏幕捕捉。

（4）异常处理：捕获并打印任何可能出现的 IOException、AWTException 或 InterruptedException。

具体代码及解释如下：

```java
// 导入 Java IO 包、图像处理包、图形界面包、网络通信包中的相关类
import javax.imageio.ImageIO;
import java.awt.*;
import java.awt.image.BufferedImage;
import java.io.ByteArrayOutputStream;
import java.io.IOException;
import java.io.OutputStream;
import java.net.ServerSocket;
import java.net.Socket;
import java.util.ArrayList;
import java.util.List;

// 定义一个名称为 ScreenBroadcastServer 的公共类
public class ScreenBroadcastServer {

    // 定义服务器监听端口常量
    private static final int PORT = 12345;

    // 定义屏幕捕捉间隔时间常量（毫秒）
    private static final int CAPTURE_INTERVAL_MS = 1000;

    // 主方法，程序入口
    public static void main(String[] args) {
        // 创建一个空的 ArrayList 用于存放已连接的客户端 Socket
        List<Socket> clients = new ArrayList<>();

        try (
            // 创建 ServerSocket 对象，监听指定端口
            ServerSocket serverSocket = new ServerSocket(PORT)
        ) {
            // 输出服务器启动提示信息
            System.out.println("ScreenBroadcastServer started.");

            // 启动新线程，持续接受新客户端的连接
            new Thread(() -> {
                while (true) {
```

```
        try {
            // 接受一个新客户端的连接，将 Socket 添加到 clients 列表
            Socket client = serverSocket.accept();
            clients.add(client);
            System.out.println("Client connected: " + client.getInetAddress());
        } catch (IOException e) {
            e.printStackTrace();
        }
    }
}).start();

// 创建 Robot 对象，用于截取屏幕图像
Robot robot = new Robot();

// 获取屏幕尺寸，用于创建屏幕截图
Rectangle screenRect = new Rectangle(Toolkit.getDefaultToolkit().getScreenSize());

// 进入无限循环，周期性截取并广播屏幕图像
while (true) {
    // 截取当前屏幕图像并保存为 BufferedImage 对象
    BufferedImage image = robot.createScreenCapture(screenRect);

    // 将 BufferedImage 对象转换为 JPEG 格式的字节数组，并存储在 ByteArrayOutputStream 中
    ByteArrayOutputStream baos = new ByteArrayOutputStream();
    ImageIO.write(image, "jpg", baos);
    byte[] imageData = baos.toByteArray();

    // 遍历已连接的客户端，向每个客户端发送图像数据
    for (Socket client : clients) {
        try {
            // 获取客户端的 OutputStream，用于发送数据
            OutputStream outputStream = client.getOutputStream();

            // 发送图像数据，并刷新输出流
            outputStream.write(imageData);
            outputStream.flush();
        } catch (IOException e) {
            // 若在发送过程中出现异常，则输出客户端断开连接提示信息
            // 从 clients 列表中移除该客户端
            System.out.println("Client disconnected: " + client.getInetAddress());
            clients.remove(client);
        }
    }

    // 延迟一段时间后继续下一轮屏幕捕捉
    Thread.sleep(CAPTURE_INTERVAL_MS);
}
```

```
        } catch (IOException | AWTException | InterruptedException e) {
            // 捕获并打印任何可能出现的 IOException 异常、AWTException 或 InterruptedException
            e.printStackTrace();
        }
    }
}
```

4.4.13　屏幕广播接收端

1. 接收屏幕广播数据并显示在 JFrame 窗口中

（🐷）文本提示

编写一个接收屏幕广播数据并显示在 JFrame 窗口中的 Java 程序。程序创建一个 JFrame 窗口，其中包含一个 Jlabel，用于显示接收到的屏幕图像。使用 DatagramSocket 监听端口 12345，接收由 ScreenSender 发送的屏幕图像数据。接收到的数据被分割成多个数据包，程序首先获取数据包总数，然后依次接收并合并这些数据包，最后将合并后的数据转换为 BufferedImage 对象并显示在 JLabel 上。

（💬）编程思路

（1）创建 GUI 组件：创建一个 JFrame 窗口，设置窗口标题、关闭操作、窗口大小等属性。在窗口中添加一个 JLabel，用于显示接收到的屏幕图像。

（2）监听 DatagramSocket：创建并监听端口为 12345 的 DatagramSocket，准备接收屏幕图像数据。

（3）接收数据：进入无限循环，每次循环执行以下操作。初始化一个 ByteArrayOutputStream 对象，用于收集全部图像数据；接收一个包含数据包总数信息的 DatagramPacket 对象；解析数据包总数信息，计算需要接收的数据包数量；遍历所有数据包，依次接收并将其内容写入 ByteArrayOutputStream。

（4）显示图像：将接收到的图像数据转换为 BufferedImage 对象，创建一个 ImageIcon 对象，并将其设置为 JLabel 的图标；调用 frame.pack() 方法调整窗口大小以适应显示的图像。

（5）异常处理：捕获并打印任何可能出现的 IOException。

具体代码及解释如下：

```
// 导入所需库
import javax.imageio.ImageIO;
import javax.swing.*;
import java.awt.*;
import java.awt.image.BufferedImage;
import java.io.ByteArrayInputStream;
import java.io.ByteArrayOutputStream;
import java.io.IOException;
import java.net.DatagramPacket;
import java.net.DatagramSocket;

public class ScreenReceiver {
    public static final int MAX_BUFFER_SIZE = 65507;
```

```java
public static void main(String[] args) {
    // 创建一个 JFrame 窗口，设置标题为"Screen Broadcast"
    JFrame frame = new JFrame("Screen Broadcast");

    // 创建一个 JLabel 组件，用于显示接收到的屏幕图像
    JLabel label = new JLabel();

    // 将 JLabel 添加到 JFrame 中
    frame.add(label);

    // 设置 JFrame 关闭操作为 EXIT_ON_CLOSE
    frame.setDefaultCloseOperation(JFrame.EXIT_ON_CLOSE);

    // 设置 JFrame 大小为 800 像素×600 像素
    frame.setSize(800, 600);

    // 设置 JFrame 可见
    frame.setVisible(true);

    // 创建并监听 DatagramSocket，用于接收屏幕图像数据
    try (DatagramSocket socket = new DatagramSocket(12345)) {
        while (true) {
            // 初始化一个 ByteArrayOutputStream 对象，用于收集全部图像数据
            ByteArrayOutputStream baos = new ByteArrayOutputStream();

            // 接收数据包总数信息
            byte[] numPacketsBuffer = new byte[10];
            DatagramPacket numPacketsPacket = new DatagramPacket(numPacketsBuffer,
numPacketsBuffer.length);
            socket.receive(numPacketsPacket);
            int numPackets = Integer.parseInt(new String(numPacketsBuffer).trim());

            // 接收并合并图像数据包
            for (int i = 0; i < numPackets; i++) {
                byte[] buffer = new byte[MAX_BUFFER_SIZE];
                DatagramPacket packet = new DatagramPacket(buffer, buffer.length);
                socket.receive(packet);
                baos.write(buffer, 0, packet.getLength());
            }

            // 将接收到的图像数据转换为 BufferedImage 对象并显示
            ByteArrayInputStream bais = new ByteArrayInputStream(baos.toByteArray());
            BufferedImage image = ImageIO.read(bais);
            ImageIcon icon = new ImageIcon(image);
            label.setIcon(icon);
            frame.pack();      // 调整窗口大小以适应显示的图像
        }
```

```
        } catch (IOException e) {
            e.printStackTrace();
        }
    }
}
```

2. 发送屏幕图像数据

💬 文本提示

编程实现一个发送屏幕图像数据的 Java 程序。程序创建一个 DatagramSocket 对象,将屏幕图像截取为 JPEG 格式的字节数组,然后分割成多个数据包并通过 DatagramSocket 对象发送到本地主机(localhost)的端口 12345。发送前,先发送一个包含数据包总数的 DatagramPacket 对象。程序以 1 秒为间隔持续截取并发送屏幕图像。

💬 编程思路

(1)导入所需库。

(2)创建 DatagramSocket 对象:创建一个未绑定特定端口的 DatagramSocket 对象,用于发送数据。

(3)设置目标地址和端口:设置发送数据的目标地址为 localhost,端口为 12345。

(4)进入无限循环:程序进入无限循环,每次循环执行以下操作。使用 Robot 类截取屏幕图像;将屏幕图像转换为 JPEG 格式的字节数组;计算需要发送的数据包数量(总字节数除以最大包大小,向上取整);发送包含数据包总数的 DatagramPacket 对象;遍历所有数据包,依次将字节数组分割并封装为 DatagramPacket 对象发送。休眠 1 秒,等待下一轮屏幕截取。

(5)异常处理:捕获并打印任何可能出现的 IOException、AWTException 或 InterruptedException。

具体代码及解释如下:

```
// 导入所需库
import javax.imageio.ImageIO;
import java.awt.*;
import java.awt.image.BufferedImage;
import java.io.ByteArrayOutputStream;
import java.io.IOException;
import java.net.DatagramPacket;
import java.net.DatagramSocket;
import java.net.InetAddress;
import java.nio.ByteBuffer;

// 定义 ScreenSenderUDP 类
public class ScreenSenderUDP {
    // 定义最大数据包大小常量
    public static final int MAX_BUFFER_SIZE = 65507;

    // 公共静态主方法
    public static void main(String[] args) {
        // 使用 try-with-resources 语句创建并自动关闭 DatagramSocket 对象
        try (DatagramSocket socket = new DatagramSocket()) {
```

```java
            // 获取本地主机 IP 地址
            InetAddress address = InetAddress.getByName("localhost");
            // 设置目标端口
            int port = 12345;

            // 进入无限循环，持续截取并发送屏幕图像
            while (true) {
                // 创建 Robot 对象，用于截取屏幕图像
                Robot robot = new Robot();
                // 获取屏幕尺寸，用于创建屏幕截图
                Rectangle screenRect = new Rectangle(Toolkit.getDefaultToolkit().getScreenSize());
                // 截取当前屏幕图像并保存为 BufferedImage 对象
                BufferedImage image = robot.createScreenCapture(screenRect);
                // 将 BufferedImage 对象转换为 JPEG 格式的字节数组，并存储在 ByteArrayOutputStream 中
                ByteArrayOutputStream baos = new ByteArrayOutputStream();
                ImageIO.write(image, "jpg", baos);
                byte[] buffer = baos.toByteArray();

                // 计算需要发送的数据包数量（总字节数除以最大包大小，向上取整）
                int numPackets = (int) Math.ceil(buffer.length / (double) MAX_BUFFER_SIZE);

                // 发送数据包总数信息
                ByteBuffer numPacketsBuffer = ByteBuffer.allocate(4);
                numPacketsBuffer.putInt(numPackets);
                DatagramPacket numPacketsPacket = new DatagramPacket(numPacketsBuffer.array(), 4,
address, port);

                socket.send(numPacketsPacket);

                // 发送图像数据
                for (int i = 0; i < numPackets; i++) {
                    int offset = i * MAX_BUFFER_SIZE;
                    int length = Math.min(MAX_BUFFER_SIZE, buffer.length - offset);
                    byte[] packetData = new byte[length];
                    // 分割字节数组为单个数据包
                    System.arraycopy(buffer, offset, packetData, 0, length);

                    // 创建并发送 DatagramPacket 对象
                    DatagramPacket packet = new DatagramPacket(packetData, packetData.length,
address, port);

                    socket.send(packet);
                }

                // 休眠 1 秒，调整屏幕截取间隔
                Thread.sleep(1000);
            }
        } catch (IOException | AWTException | InterruptedException e) {
            // 捕获并打印任何可能出现的异常
```

```
                e.printStackTrace();
            }
        }
    }
```

3. 接收屏幕广播数据并显示在 JFrame 窗口中（使用 ByteBuffer 解析总包数信息）

📀 文本提示

编写一个接收屏幕广播数据并显示在 JFrame 窗口中的 Java 程序。程序创建一个 JFrame 窗口，其中包含一个 Jlabel，用于显示接收到的屏幕图像。使用 DatagramSocket 监听端口 12345，接收由 ScreenSender 发送的屏幕图像数据。接收到的数据被分割成多个数据包，程序首先通过 ByteBuffer 快速解析数据包总数信息，然后依次接收并将其内容写入 ByteArrayOutputStream，最后将合并后的数据转换为 BufferedImage 对象并显示在 JLabel 上。

💬 编程思路

（1）导入所需库。

（2）创建 GUI 组件：创建一个 JFrame 窗口，设置窗口标题、关闭操作、窗口大小等属性；在窗口中添加一个 JLabel，用于显示接收到的屏幕图像。

（3）监听 DatagramSocket：创建并监听端口为 12345 的 DatagramSocket，准备接收屏幕图像数据。

（4）接收数据：进入无限循环，每次循环执行以下操作：初始化一个 ByteArrayOutputStream 对象，用于收集全部图像数据；接收一个包含数据包总数信息的 DatagramPacket 对象；使用 ByteBuffer 快速解析数据包总数信息；计算需要接收的数据包数量；遍历所有数据包，依次接收并将其内容写入 ByteArrayOutputStream。

（5）显示图像：将接收到的图像数据转换为 BufferedImage 对象，创建一个 ImageIcon 对象，并将其设置为 JLabel 的图标；调用 frame.pack() 方法调整窗口大小以适应显示的图像。

（6）异常处理：捕获并打印任何可能出现的 IOException。

具体代码及解释如下：

```java
// 导入所需库
import java.nio.ByteBuffer;
import javax.imageio.ImageIO;
import javax.swing.*;
import java.awt.image.BufferedImage;
import java.io.ByteArrayInputStream;
import java.io.ByteArrayOutputStream;
import java.io.IOException;
import java.net.DatagramPacket;
import java.net.DatagramSocket;

// 定义 ScreenReceiverUDP 类
public class ScreenReceiverUDP {
    // 定义最大数据包大小常量
    public static final int MAX_BUFFER_SIZE = 65507;

    // 公共静态主方法
```

```java
public static void main(String[] args) {
    // 创建一个 JFrame 窗口，设置标题为"Screen Broadcast"
    JFrame frame = new JFrame("Screen Broadcast");

    // 创建一个 JLabel 组件，用于显示接收到的屏幕图像
    JLabel label = new JLabel();

    // 将 JLabel 添加到 JFrame 中
    frame.add(label);

    // 设置 JFrame 关闭操作为 EXIT_ON_CLOSE
    frame.setDefaultCloseOperation(JFrame.EXIT_ON_CLOSE);

    // 设置 JFrame 大小为 800 像素×600 像素
    frame.setSize(800, 600);

    // 设置 JFrame 可见
    frame.setVisible(true);

    // 创建并监听 DatagramSocket，用于接收屏幕图像数据
    try (DatagramSocket socket = new DatagramSocket(12345)) {
        while (true) {
            // 初始化一个 ByteArrayOutputStream 对象，用于收集全部图像数据
            ByteArrayOutputStream baos = new ByteArrayOutputStream();

            // 接收数据包总数信息
            byte[] numPacketsBuffer = new byte[4];
            DatagramPacket numPacketsPacket = new DatagramPacket(numPacketsBuffer, 4);
            socket.receive(numPacketsPacket);
            // 使用 ByteBuffer 快速解析数据包总数信息
            ByteBuffer wrapped = ByteBuffer.wrap(numPacketsBuffer);
            int numPackets = wrapped.getInt();

            // 接收并合并图像数据包
            for (int i = 0; i < numPackets; i++) {
                byte[] buffer = new byte[MAX_BUFFER_SIZE];
                DatagramPacket packet = new DatagramPacket(buffer, buffer.length);
                socket.receive(packet);
                baos.write(buffer, 0, packet.getLength());
            }

            // 将接收到的图像数据转换为 BufferedImage 对象并显示
            ByteArrayInputStream bais = new ByteArrayInputStream(baos.toByteArray());
            BufferedImage image = ImageIO.read(bais);
            ImageIcon icon = new ImageIcon(image);
            label.setIcon(icon);
```

```
                // 调整窗口大小以适应显示的图像
                frame.pack();
            }
        } catch (IOException e) {
            // 捕获并打印任何可能出现的 IOException
            e.printStackTrace();
        }
    }
}
```

本小节第 3 个例子是一个接收屏幕广播数据并显示在 JFrame 窗口中的 Java 程序。其编程思路与本小节第 1 个例子的思路基本相同,区别在于接收数据包总数信息时使用了 ByteBuffer,提高了数据解析效率。

4.4.14　网站通知监听

🔈 文本提示

编写一个定时监控指定网站内容变化,并在发现特定关键词时向指定邮箱发送通知的 Java 程序。使用 Jsoup 库抓取网页内容,定时器每隔 10 分钟触发一次检查任务。当网页文本中包含预设关键词（如"防灾科技学院"）时,程序通过 JavaMail API 发送一封包含更新通知的电子邮件至指定收件人邮箱。

💬 编程思路

（1）导入所需库。

（2）定义常量：设置要监控的网站 URL、搜索关键词及接收通知的邮箱地址。

（3）主方法：创建一个定时器,设置每隔 10 分钟执行一次 MonitorTask 任务。

（4）定义内部类 MonitorTask：定义一个静态内部类 MonitorTask,继承自 TimerTask,实现定时任务逻辑。

1）run()方法：重写 run()方法,定时执行以下操作。使用 Jsoup 连接指定的 URL 并获取 HTML 文档；检查文档文本是否包含搜索关键词,如果找到关键词,则输出提示并调用 sendEmail()方法发送通知邮件,如果未找到关键词,则输出提示并继续等待下一轮检查。

2）sendEmail()方法：定义私有方法,负责发送包含更新通知内容的电子邮件；设置发件人邮箱、密码、邮件主题和邮件正文；配置 SMTP 服务器属性及开启身份验证；创建 Authenticator 对象,提供发件人邮箱和密码；创建 Session 对象,使用配置好的属性和 Authenticator 对象；创建 MimeMessage 对象,设置发件人、收件人、邮件主题和邮件正文；发送邮件,并根据发送结果输出相应提示。

具体代码及解释如下：

```
// 导入所需库
import org.jsoup.Jsoup;
import org.jsoup.nodes.Document;

import javax.mail.*;
import javax.mail.internet.InternetAddress;
import javax.mail.internet.MimeMessage;
```

```java
import java.util.Properties;
import java.util.Timer;
import java.util.TimerTask;

// 定义 WebsiteMonitor 类
public class WebsiteMonitor {

    // 定义监控的网站 URL、搜索关键词及接收通知的邮箱地址
    private static final String URL = "http://www.moe.gov.cn/";
    private static final String SEARCH_KEYWORD = "防灾科技学院";
    private static final String RECIPIENT_EMAIL = "21785576@qq.com";

    // 公共静态主方法
    public static void main(String[] args) {
        // 创建一个定时器，每隔 10 分钟执行一次 MonitorTask 任务
        Timer timer = new Timer();
        timer.schedule(new MonitorTask(), 0, 60 * 1000);
    }

    // 定义内部静态类 MonitorTask，继承自 TimerTask，实现定期检查网站并发送邮件
    static class MonitorTask extends TimerTask {

        // 重写 run()方法，定时执行的任务逻辑
        @Override
        public void run() {
            try {
                // 使用 Jsoup 连接指定的 URL 并获取 Document 对象（HTML 文档）
                Document doc = Jsoup.connect(URL).get();

                // 检查文档文本是否包含搜索关键词
                if (doc.text().contains(SEARCH_KEYWORD)) {
                    // 若找到关键词，则输出提示并发送邮件
                    System.out.println("关键词【" + SEARCH_KEYWORD + "】已找到，正在发送邮件...");
                    sendEmail(RECIPIENT_EMAIL);
                } else {
                    // 若未找到关键词，则输出提示并继续轮询
                    System.out.println("关键词【" + SEARCH_KEYWORD + "】未找到，继续轮询...");
                }
            } catch (Exception e) {
                // 捕获并打印任何可能出现的异常
                e.printStackTrace();
            }
        }

        // 私有方法，用于发送包含更新通知内容的电子邮件
```

```java
private void sendEmail(String recipient) {
    // 定义发件人邮箱、密码、邮件主题和邮件正文
    final String fromEmail = "tolqj@163.com";
    final String password = "QSJKAQGKBSSLLTSU";
    String subject = "教育部网站内容更新通知";
    String content = "教育部网站已更新，包含关键词【" + SEARCH_KEYWORD + "】。请查看：" + URL;

    // 配置 SMTP 服务器属性及开启身份验证
    Properties properties = new Properties();
    properties.put("mail.smtp.host", "smtp.163.com");
    properties.put("mail.smtp.auth", "true");

    // 创建 Authenticator 对象，提供发件人邮箱和密码以进行身份验证
    Authenticator auth = new Authenticator() {
        protected PasswordAuthentication getPasswordAuthentication() {
            return new PasswordAuthentication(fromEmail, password);
        }
    };

    // 创建 Session 对象，使用上述属性和 Authenticator 对象
    Session session = Session.getInstance(properties, auth);

    try {
        // 创建 MimeMessage 对象，设置发件人、收件人、邮件主题和邮件正文
        MimeMessage message = new MimeMessage(session);
        message.setFrom(new InternetAddress(fromEmail));
        message.addRecipient(Message.RecipientType.TO, new InternetAddress(recipient));
        message.setSubject(subject);
        message.setText(content);

        // 发送邮件
        Transport.send(message);
        System.out.println("邮件发送成功，收件人：" + recipient);

    } catch (MessagingException e) {
        // 捕获并打印邮件发送失败的异常
        e.printStackTrace();
        System.out.println("邮件发送失败，收件人：" + recipient);
    }
}
```

第 5 章　基于 AI 的 Java 进阶案例实战

本章主要列举一些基于 AI 的、使用 Java 编写的常用实例，这些都是目前比较热门且实用的案例，如微信支付、车牌号码识别、爬取数据等。

5.1　微　信　支　付

近些年，随着移动互联网的普及，微信支付、支付宝支付等方式已经成为很多人的首选支付方式。微信支付作为腾讯旗下的第三方支付平台，其技术体系集成了移动互联网、信息安全、生物识别、大数据分析等多种先进技术，旨在为用户提供便捷、安全、高效的支付体验，同时为企业和商户提供全面、可靠的支付解决方案。下面用 Java 模拟实现微信支付功能。

🔊 **文本提示**

用 Java 模拟实现微信支付功能。

💬 **编程思路**

（1）配置与初始化。

1）导入所需依赖库。

2）定义并初始化微信支付相关的常量，如应用 ID、商户号、密钥、证书序列号、商户私钥文件路径、回调通知地址等。

3）在静态初始化块中设置日志输出关闭、初始化证书管理器、加载私钥签名对象、创建商户身份认证凭证、构建并配置微信支付 HTTP 客户端。

（2）用户交互与下单。

1）在主方法中，通过控制台交互获取用户输入的商品名称和商品价格。

2）根据用户的输入构建统一下单请求参数。

3）使用全局 HTTP 客户端发送 POST 请求至微信支付统一下单 API。

4）解析响应，提取并打印生成的微信支付二维码链接。

（3）模拟支付与查询。

1）控制台提示用户扫描二维码完成支付，等待用户输入回车（按 Enter 键）确认。

2）构造查询订单支付状态的 GET 请求 URL。

3）使用全局 HTTP 客户端发送 GET 请求至微信支付查询订单 API。

4）解析响应，根据订单状态（trade_state）判断支付是否成功，并打印结果。

具体代码及解释如下：

```
import ch.qos.logback.classic.Level;              // 导入日志级别类库
import ch.qos.logback.classic.Logger;             // 导入经典日志记录器类库
import ch.qos.logback.classic.LoggerContext;      // 导入经典日志上下文类库
import com.alibaba.fastjson.JSON;                 // 导入阿里 FastJSON 库，用于 JSON 序列化和反序列化
// 导入基于 Apache HttpClient 的微信支付 SDK 构建器
import com.wechat.pay.contrib.apache.httpclient.WechatPayHttpClientBuilder;
```

```java
import com.wechat.pay.contrib.apache.httpclient.auth.PrivateKeySigner;    // 导入基于私钥的签名器类
import com.wechat.pay.contrib.apache.httpclient.auth.Verifier;           // 导入签名验证器接口
// 导入微信支付 V2 版身份认证凭证类
import com.wechat.pay.contrib.apache.httpclient.auth.WechatPay2Credentials;
// 导入微信支付 V2 版应答签名验证器类
import com.wechat.pay.contrib.apache.httpclient.auth.WechatPay2Validator;
import com.wechat.pay.contrib.apache.httpclient.cert.CertificatesManager;  // 导入证书管理器类
import com.wechat.pay.contrib.apache.httpclient.util.PemUtil;             // 导入 PEM 文件工具类
import org.apache.http.client.methods.CloseableHttpResponse;             // 导入可关闭 HTTP 响应类
import org.apache.http.client.methods.HttpGet;                           // 导入 GET 请求方法类
import org.apache.http.client.methods.HttpPost;                          // 导入 POST 请求方法类
import org.apache.http.entity.StringEntity;                              // 导入字符串实体类
import org.apache.http.impl.client.CloseableHttpClient;                  // 导入可关闭 HTTP 客户端类
import org.apache.http.util.EntityUtils;                                 // 导入 HTTP 实体工具类
import org.slf4j.LoggerFactory;                                          // 导入 SLF4J 日志工厂类

import java.io.FileInputStream;                                          // 导入文件输入流类
import java.io.FileNotFoundException;                                    // 导入文件未找到异常类
import java.io.IOException;                                              // 导入 IO 异常类
import java.nio.charset.StandardCharsets;                                // 导入标准字符集枚举类
import java.security.PrivateKey;                                         // 导入私钥类
import java.util.HashMap;                                                // 导入哈希映射类
import java.util.List;                                                   // 导入列表接口
import java.util.Map;                                                    // 导入映射接口
import java.util.Scanner;                                                // 导入控制台输入扫描器类

public class WeChatPayDemo {

    private static final String APP_ID = "wxfe44911af501ddf7";          // 定义应用 ID 常量
    private static final String MCH_ID = "1601235315";                  // 定义商户号常量
    // 定义微信支付 V3 版本密钥常量
    private static final String APIV3_KEY = "qwak0amtethtc2h30wkj62667d2wdygf";
    // 定义证书序列号常量
    private static final String MCH_SERIAL_NO = "28990E7FB135FD7C54C862FFD1CD92271BA8A1EC";
    // 定义商户私钥文件路径常量
    private static final String MCH_PRIVATE_KEY = "d:\\cert\\apiclient_key.pem";
    private static final String NOTIFY_URL = "https://your.notify.url";  // 定义回调通知地址常量

    private static CloseableHttpClient httpClient = null;                // 定义全局 HTTP 客户端实例变量

    static {
        try {
            // 关闭日志输出
            LoggerContext loggerContext = (LoggerContext) LoggerFactory.getILoggerFactory();
            List<Logger> loggerList = loggerContext.getLoggerList();
            for (Logger logger : loggerList) {
```

```java
                    logger.setLevel(Level.OFF);
                }

                // 证书管理器
                CertificatesManager certificatesManager = CertificatesManager.getInstance();
                // 私钥签名对象
                PrivateKeySigner privateKeySigner = new PrivateKeySigner(MCH_SERIAL_NO, getPrivateKey());
                // 创建商户身份认证凭证
                WechatPay2Credentials wechatPay2Credentials = new WechatPay2Credentials(MCH_ID,
privateKeySigner);
                certificatesManager.putMerchant(MCH_ID, wechatPay2Credentials, APIV3_KEY.getBytes
(StandardCharsets.UTF_8));
                Verifier verifier = certificatesManager.getVerifier(MCH_ID);
                WechatPayHttpClientBuilder builder = WechatPayHttpClientBuilder.create()
                        .withMerchant(MCH_ID, MCH_SERIAL_NO, getPrivateKey())
                        // 验签器
                        .withValidator(new WechatPay2Validator(verifier));
                httpClient = builder.build();
            } catch (Exception e) {
                System.out.println("初始化失败，未能成功加载");
                e.printStackTrace();
                System.exit(0);
            }
        }

        public static void main(String[] args) throws Exception {
            Scanner scanner = new Scanner(System.in);
            System.out.println("请输入商品名称：");

            String productName = scanner.nextLine();

            System.out.println("请输入商品价格（单位为分）：");

            int price = scanner.nextInt();

            Map<String, Object> paramsMap = new HashMap<>();
            paramsMap.put("appid", APP_ID);
            paramsMap.put("mchid", MCH_ID);
            // 订单表述
            paramsMap.put("description", productName + "_" + price + "(分)");
            // 订单号
            String orderNo = "" + System.currentTimeMillis();
            paramsMap.put("out_trade_no", orderNo);
            paramsMap.put("notify_url", NOTIFY_URL);

            Map<String, Object> amountMap = new HashMap<>();
```

```java
amountMap.put("total", price);
// 指定货币，目前国内只支持人民币
amountMap.put("currency", "CNY");
paramsMap.put("amount", amountMap);
StringEntity entity = new StringEntity(JSON.toJSONString(paramsMap), "utf-8");
entity.setContentType("application/json");
// 微信服务器统一下单 API
HttpPost httpPost = new HttpPost("https://api.mch.weixin.qq.com/v3/pay/transactions/native");
httpPost.setEntity(entity);
httpPost.setHeader("Accept", "application/json");
CloseableHttpResponse response = httpClient.execute(httpPost);
String bodyAsString = EntityUtils.toString(response.getEntity());          // 响应体
int statusCode = response.getStatusLine().getStatusCode();                  // 响应状态码
if (statusCode == 200) {                           // 处理成功
} else if (statusCode == 204) {                    // 处理成功，无返回 Body
} else {
    throw new IOException("request failed");
}
// 响应结果
HashMap resultMap = JSON.parseObject(bodyAsString, HashMap.class);
// 二维码
String codeUrl = (String) resultMap.get("code_url");
System.out.println("微信支付二维码链接： " + codeUrl);

// 等待用户扫描二维码完成支付
Scanner sc = new Scanner(System.in);
System.out.println("请用户扫描二维码完成支付，然后按 Enter 键继续");
sc.nextLine();
// 查询订单支付状态
String url = String.format("https://api.mch.weixin.qq.com/v3/pay/transactions/out-trade-no/%s",
orderNo).concat("?mchid=").concat(MCH_ID);
HttpGet httpGet = new HttpGet(url);
httpGet.setHeader("Accept", "application/json");
CloseableHttpResponse queryResponse = httpClient.execute(httpGet);
String result = EntityUtils.toString(queryResponse.getEntity());           // 响应体
int queryStatusCode = response.getStatusLine().getStatusCode();             // 响应状态码
if (queryStatusCode == 200) {                      // 处理成功
} else if (queryStatusCode == 204) {               // 处理成功，无返回 Body
} else {
    throw new IOException("request failed");
}
HashMap queryResultMap = JSON.parseObject(result, HashMap.class);
// 订单状态
Object tradeState = queryResultMap.get("trade_state");
// 微信订单号
String wxOrderNo = (String) queryResultMap.get("transaction_id");
```

```
        if ("SUCCESS".equals(tradeState)) {
            System.out.println("支付成功");
            // TODO：通知商家完成最后的确认付款处理
        } else {
            System.out.println("支付失败");
        }
    }

    // 获取私钥
    private static PrivateKey getPrivateKey() {
        PrivateKey privateKey = null;
        try {
            privateKey = PemUtil.loadPrivateKey(
                    // 以文件形式存放
                    new FileInputStream(MCH_PRIVATE_KEY));
            // 直接存放在文件中
            // privateKey = PemUtil.loadPrivateKey(MCH_PRIVATE_KEY);
        } catch (FileNotFoundException e) {
            e.printStackTrace();
        }
        return privateKey;
    }
}
```

整个流程实现了用户交互、微信支付统一下单、生成微信支付二维码、模拟用户支付完成、查询订单状态并反馈支付结果的功能。

注意：由于微信支付涉及实际资金交易、敏感信息处理、复杂的加密算法、API 调用等环节，因此直接在此处提供完整的、可运行的 Java 代码实现并不合适，并且存在安全风险。微信支付官方会提供详细的开发文档和示例代码，建议开发者直接参考官方资料进行开发。这里只提供一个简化的、概念性的 Java 代码框架，模拟实现微信支付的关键步骤。此代码仅为示例代码，未包含实际的加密、签名、网络请求等细节，并且无法直接运行。

5.2　邮件发送

在日常办公和学习、生活中，经常会用到电子邮件，下面的案例将用 Java 模拟实现邮件发送、邮件群发及带附件的邮件群发功能。

1. 邮件发送

　文本提示

请用 Java 模拟实现邮件发送功能。

　编程思路

（1）用户交互。

1）创建 Scanner 对象，用于从控制台读取用户输入。

2）分别提示用户输入邮件标题、收件人的邮箱地址和邮件内容，并使用 Scanner 读取并存储。

（2）配置邮件发送参数。

1）定义发件人的邮箱地址和对应的授权码作为常量。

2）创建 Properties 对象，设置 SMTP 服务器主机名（此处为网易 163 邮箱 SMTP 服务器）及启用身份验证。

3）创建一个匿名 Authenticator 子类，重写 getPasswordAuthentication()方法，返回发件人邮箱和授权码。

4）使用 Properties 和 Authenticator 创建 Session 对象，表示与邮件服务器的会话。

（3）构建并发送邮件。

1）创建 MimeMessage 对象，表示要发送的邮件。

2）设置邮件的发件人、收件人、标题和正文。

3）使用 Transport 类的静态方法 send()发送邮件。

4）在发送邮件成功或失败时，分别输出相应提示信息。

（4）清理资源。关闭 Scanner 对象，释放系统资源。

具体代码及解释如下：

```java
// 导入 Java 标准库中的 Properties 类，用于存储配置属性
import java.util.Properties;

// 导入 Scanner 类，用于从控制台读取用户输入
import java.util.Scanner;

// 导入 javax.mail 包下的相关类，用于发送电子邮件
import javax.mail.*;
import javax.mail.internet.InternetAddress;
import javax.mail.internet.MimeMessage;

// 定义一个名称为 EmailSender 的公共类
public class EmailSender {

    // 定义主方法，程序入口
    public static void main(String[] args) {

        // 创建一个 Scanner 对象，用于从系统标准输入设备（通常是键盘）读取用户输入
        Scanner scanner = new Scanner(System.in);

        // 提示用户输入邮件标题，并读取一行输入作为标题
        System.out.println("请输入邮件标题：");
        String subject = scanner.nextLine();

        // 提示用户输入收件人的邮箱地址，并读取一行输入作为收件人
        System.out.println("请输入收件人：");
        String recipient = scanner.nextLine();

        // 提示用户输入邮件内容，并读取一行输入作为邮件正文
        System.out.println("请输入邮件内容：");
```

```
String content = scanner.nextLine();

// 定义发件人邮箱地址和对应的授权码（此处为示例数据）
final String fromEmail = "tolqj@163.com";
final String password = "QSJKAQGKBSSLLTSU";

// 创建一个 Properties 对象，用于存储 SMTP 服务器的相关属性
Properties properties = new Properties();

// 设置 SMTP 服务器主机名（此处为网易 163 邮箱 SMTP 服务器）
properties.put("mail.smtp.host", "smtp.163.com");

// 设置 SMTP 服务器需要进行身份验证
properties.put("mail.smtp.auth", "true");

// 创建一个 Authenticator 子类的匿名内部类，重写 getPasswordAuthentication()方法
// 提供发件人邮箱和授权码
Authenticator auth = new Authenticator() {
    protected PasswordAuthentication getPasswordAuthentication() {
        return new PasswordAuthentication(fromEmail, password);
    }
};

// 使用属性和认证器创建 Session 对象，表示与邮件服务器的会话
Session session = Session.getInstance(properties, auth);

try {
    // 创建 MimeMessage 对象，表示要发送的邮件
    MimeMessage message = new MimeMessage(session);

    // 设置邮件的发件人
    message.setFrom(new InternetAddress(fromEmail));

    // 添加邮件的收件人，类型为 TO（主收件人）
    message.addRecipient(Message.RecipientType.TO, new InternetAddress(recipient));

    // 设置邮件的标题
    message.setSubject(subject);

    // 设置邮件的正文内容
    message.setText(content);

    // 使用 Transport 类的静态方法 send()发送邮件
    Transport.send(message);

    // 输出提示信息，告知用户邮件发送成功
    System.out.println("邮件发送成功！");
```

```
        } catch (MessagingException e) {
            // 若邮件发送过程中发生异常，则打印堆栈跟踪信息，并输出提示信息，告知用户邮件发送失败
            e.printStackTrace();
            System.out.println("邮件发送失败！");
        }

        // 关闭 Scanner 对象，释放系统资源
        scanner.close();
    }
}
```

整个流程实现了从控制台接收用户输入的邮件信息，配置发件人的邮箱参数，构建并发送邮件，最后反馈发送结果的功能。

2. 邮件群发

📢 **文本提示**

用 Java 模拟实现定时批量发送邮件的功能。

💬 **编程思路**

（1）准备收件人列表。

1）在 main() 方法中创建 Scanner 对象，用于从控制台读取用户输入的邮件地址。

2）循环读取输入，直到用户输入"end"为止，将每个输入的邮件地址添加到 emailQueue 队列中。

（2）启动定时发送任务。

1）创建 Timer 对象，用于定时执行邮件发送任务。

2）设置定时器，每隔 5 秒执行一次 EmailTask，即尝试发送一封邮件。

3）输出提示信息，告知用户邮件发送任务已启动，按 Enter 键可停止任务。

（3）定时发送邮件。

1）定义内部类 EmailTask，继承自 TimerTask，实现定时发送邮件逻辑。

2）run() 方法被定时器周期性调用，当队列不为空时，取出第一个邮件地址并调用 sendEmail() 方法发送邮件。

3）sendEmail() 方法负责构建邮件对象，设置发件人、收件人、邮件主题、邮件正文等信息，然后通过 SMTP 服务器发送邮件。发送邮件成功或失败时，分别输出相应提示信息。

（4）停止发送任务与清理资源。

1）用户在控制台按 Enter 键，触发 main() 方法中的 timer.cancel() 调用，取消定时器，停止发送邮件任务。

2）关闭 Scanner 对象，释放系统资源。

具体代码及解释如下：

```java
// 导入所需 Java 类库
import java.util.*;
import javax.mail.*;
import javax.mail.internet.InternetAddress;
import javax.mail.internet.MimeMessage;
```

```java
// 定义 ScheduledEmailSender 类
public class ScheduledEmailSender {
    // 声明一个队列来存放待发送邮件的地址
    private static Queue<String> emailQueue = new LinkedList<>();

    // 主方法，程序入口
    public static void main(String[] args) {
        // 创建 Scanner 对象，用于从控制台读取用户输入
        Scanner scanner = new Scanner(System.in);
        // 提示用户输入邮件地址，输入"end"结束
        System.out.println("请输入邮件地址（输入"end"以结束输入）: ");

        // 循环读取用户输入，直到遇到"end"
        while (true) {
            String emailAddress = scanner.nextLine();
            if (emailAddress.equalsIgnoreCase("end")) {
                break;
            }
            // 将输入的邮件地址加入队列
            emailQueue.add(emailAddress);
        }

        // 创建 Timer 对象，用于定时执行邮件发送任务
        Timer timer = new Timer();

        // 设置定时器，每隔 5 秒执行一次邮件发送任务
        timer.schedule(new EmailTask(), 0, 5000);

        // 输出提示信息，告知用户邮件发送任务已启动
        System.out.println("邮件发送任务已启动。按 Enter 键停止发送。");

        // 等待用户按 Enter 键
        scanner.nextLine();

        // 取消定时器，停止发送邮件
        timer.cancel();

        // 关闭 Scanner 对象，释放系统资源
        scanner.close();
    }

    // 定义嵌套内部类 EmailTask，继承自 TimerTask，实现定时发送邮件逻辑
    static class EmailTask extends TimerTask {
        // 配置发件人邮箱、密码、邮件主题和邮件正文
        private static final String FROM_EMAIL = "tolqj@163.com";
        private static final String PASSWORD = "QSJKAQGKBSSLLTSU";
```

```java
private static final String SUBJECT = "test 002 from AI";
private static final String CONTENT = "this is a ...........";

// 重写 TimerTask 的 run()方法，定时执行时调用
@Override
public void run() {
    // 如果队列中有待发送邮件地址，则取出并发送
    if (!emailQueue.isEmpty()) {
        String recipient = emailQueue.poll();
        sendEmail(FROM_EMAIL, PASSWORD, recipient, SUBJECT, CONTENT);
    }
}

// 定义私有方法 sendEmail()，负责单次邮件发送的具体逻辑
private void sendEmail(final String fromEmail, final String password, String recipient, String subject,
String content) {
    // 配置邮件发送属性，包括 SMTP 服务器地址和是否需要身份验证
    Properties properties = new Properties();
    properties.put("mail.smtp.host", "smtp.163.com");
    properties.put("mail.smtp.auth", "true");

    // 创建 Authenticator 对象，用于提供发件人的邮箱和密码进行身份验证
    Authenticator auth = new Authenticator() {
        protected PasswordAuthentication getPasswordAuthentication() {
            return new PasswordAuthentication(fromEmail, password);
        }
    };

    // 创建 Session 对象，封装邮件发送所需的属性和验证信息
    Session session = Session.getInstance(properties, auth);

    try {
        // 创建 MimeMessage 对象，设置发件人、收件人、邮件主题和邮件正文
        MimeMessage message = new MimeMessage(session);
        message.setFrom(new InternetAddress(fromEmail));
        message.addRecipient(Message.RecipientType.TO, new InternetAddress(recipient));
        message.setSubject(subject);
        message.setText(content);

        // 发送邮件
        Transport.send(message);
        // 输出成功发送邮件的信息
        System.out.println("邮件发送成功，收件人：" + recipient);

    } catch (MessagingException e) {
        // 输出邮件发送失败的信息，并打印异常的堆栈跟踪信息
        e.printStackTrace();
```

```
                    System.out.println("邮件发送失败，收件人: " + recipient);
            }
        }
    }
}
```

整个流程实现了从控制台接收用户输入的邮件地址列表，配置定时器每间隔一定时间发送一封邮件，直至邮件队列为空，最后按需停止发送任务的功能。

3．带附件的邮件群发

📣 **文本提示**

用 Java 模拟实现定时批量发送带有附件的邮件功能。

💬 **编程思路**

（1）准备收件人列表。

1）在 main()方法中创建 Scanner 对象，用于从控制台读取用户输入的邮件地址。

2）循环读取输入，直到用户输入"end"为止，将每个输入的邮件地址添加到 emailQueue 队列中。

（2）启动定时发送任务。

1）创建 Timer 对象，用于定时执行邮件发送任务。

2）设置定时器，每隔 1 分钟执行一次 EmailTask，即尝试发送一封带附件的邮件。

3）输出提示信息，告知用户邮件发送任务已启动，按 Enter 键可停止任务。

（3）定时发送带附件的邮件。

1）定义内部类 EmailTask，继承自 TimerTask，实现定时发送带附件邮件逻辑。

2）run()方法被定时器周期性调用，当队列不为空时，取出第一个邮件地址并调用 sendEmail()方法发送邮件。

3）sendEmail()方法负责构建邮件对象，设置发件人、收件人、邮件主题、邮件正文，并添加附件，然后通过 SMTP 服务器发送邮件。发送邮件成功或失败时，分别输出相应提示信息。

（4）停止发送任务与清理资源。

1）用户在控制台按 Enter 键，触发 main()方法中的 timer.cancel()调用，取消定时器，停止发送邮件任务。

2）关闭 Scanner 对象，释放系统资源。

具体代码及解释如下：

```
// 导入文件操作相关包
import java.io.File;

// 导入集合框架相关包
import java.util.*;

// 导入 javax.activation 包下的 DataHandler 类，用于处理附件数据
import javax.activation.DataHandler;

// 导入 javax.activation 包下的 FileDataSource 类，用于封装附件文件数据源
```

```java
import javax.activation.FileDataSource;

// 导入 javax.mail 包，包含发送邮件所需的核心类和接口
import javax.mail.*;

// 导入 javax.mail.internet 包，包含处理 Internet 邮件格式所需的类和接口
import javax.mail.internet.*;

/**
 * 一个定时发送带有附件的电子邮件的程序
 */
public class ScheduledEmailSenderWithAttachment {
    // 使用 LinkedList 实现一个队列，用于存储待发送邮件的收件人的邮箱地址
    private static Queue<String> emailQueue = new LinkedList<>();

    /**
     * 程序主入口
     */
    public static void main(String[] args) {
        // 创建一个扫描器，用于从控制台接收用户输入
        Scanner scanner = new Scanner(System.in);
        // 提示用户开始输入邮箱地址
        System.out.println("请输入邮件地址（输入"end"以结束输入）: ");

        // 循环接收用户输入，直到用户输入"end"为止
        while (true) {
            String emailAddress = scanner.nextLine();
            if (emailAddress.equalsIgnoreCase("end")) {
                break;
            }
            // 将输入的邮箱地址添加到队列中
            emailQueue.add(emailAddress);
        }

        // 创建一个定时器，用于定期执行邮件发送任务
        Timer timer = new Timer();
        // 设置定时器，每隔 6000 毫秒（即 1 分钟）执行一次邮件发送任务
        timer.schedule(new EmailTask(), 0, 6000);

        // 提示用户邮件发送任务已启动，并告知如何停止发送
        System.out.println("邮件发送任务已启动。按 Enter 键停止发送。");
        // 等待用户按 Enter 键
        scanner.nextLine();
        // 取消定时器，停止发送邮件任务
        timer.cancel();
        // 关闭扫描器，释放系统资源
        scanner.close();
```

```java
        }

        /**
         * 邮件发送任务类，继承自 TimerTask，实现定时发送带附件的电子邮件
         */
        static class EmailTask extends TimerTask {
            // 定义发件人邮箱、密码、邮件主题、邮件正文及附件路径常量
            private static final String FROM_EMAIL = "tolqj@163.com";
            private static final String PASSWORD = "QSJKAQGKBSSLLTSU";
            private static final String SUBJECT = "test 003 from AI";
            private static final String CONTENT = "this is a ...........";
            private static final String FILE_PATH = "d:\\1.zip";

            /**
             * 覆盖父类 TimerTask 的 run()方法，当定时器被触发时执行此方法发送邮件
             */
            @Override
            public void run() {
                // 如果队列中还有待发送的邮箱地址，则取出一个并发送邮件
                if (!emailQueue.isEmpty()) {
                    String recipient = emailQueue.poll();
                    sendEmail(FROM_EMAIL, PASSWORD, recipient, SUBJECT, CONTENT, FILE_PATH);
                }
            }

            /**
             * 发送带附件的电子邮件的方法
             *
             * @param fromEmail   发件人邮箱
             * @param password    发件人邮箱密码（或授权码）
             * @param recipient   收件人邮箱
             * @param subject     邮件主题
             * @param content     邮件正文
             * @param filePath    附件路径
             */
            private void sendEmail(final String fromEmail, final String password, String recipient, String subject,
String content, String filePath) {
                // 创建并初始化邮件发送所需的属性集
                Properties properties = new Properties();
                properties.put("mail.smtp.host", "smtp.163.com");
                properties.put("mail.smtp.auth", "true");

                // 创建一个认证器，用于提供发件人的用户名和密码进行身份验证
                Authenticator auth = new Authenticator() {
                    protected PasswordAuthentication getPasswordAuthentication() {
                        return new PasswordAuthentication(fromEmail, password);
                    }
```

```
        };

        // 创建 Session 对象，用于邮件会话管理
        Session session = Session.getInstance(properties, auth);

        try {
            // 创建 MimeMessage 对象，代表要发送的邮件消息
            MimeMessage message = new MimeMessage(session);

            // 设置发件人、收件人和邮件主题
            message.setFrom(new InternetAddress(fromEmail));
            message.addRecipient(Message.RecipientType.TO, new InternetAddress(recipient));
            message.setSubject(subject);

            // 创建 Multipart 对象，用于组合邮件正文和附件
            Multipart multipart = new MimeMultipart();

            // 添加邮件正文部分
            BodyPart messageBodyPart = new MimeBodyPart();
            messageBodyPart.setText(content);
            multipart.addBodyPart(messageBodyPart);

            // 添加附件部分
            messageBodyPart = new MimeBodyPart();
            FileDataSource fileDataSource = new FileDataSource(new File(filePath));
            messageBodyPart.setDataHandler(new DataHandler(fileDataSource));
            messageBodyPart.setFileName(fileDataSource.getName());
            multipart.addBodyPart(messageBodyPart);

            // 设置邮件内容为 Multipart 对象
            message.setContent(multipart);

            // 发送邮件
            Transport.send(message);
            System.out.println("邮件发送成功，收件人：" + recipient);

        } catch (MessagingException e) {
            // 处理邮件发送异常
            e.printStackTrace();
            System.out.println("邮件发送失败，收件人：" + recipient);
        }
    }
    }
    }
}
```

整个流程实现了从控制台接收用户输入的邮件地址列表，配置定时器每间隔一定时间发送一封带附件的邮件，直至邮件队列为空，最后按需停止发送任务的功能。

5.3　短　信　发　送

短信是我们平时与外界联系经常用到的一种通信手段，下面的例子就用 Java 模拟短信发送功能。

⟳ 文本提示

利用 Java 编写一个程序，功能是使用阿里云短信服务 API，模拟发送一条带有模板参数的短信至指定接收号码。

💬 编程思路

（1）初始化凭据与配置。

1）定义变量存储阿里云短信服务所需的凭据信息，包括 accessKeyId、accessKeySecret、短信签名、短信模板 ID、短信接收号码和短信模板参数。

2）创建 ClientConfiguration 对象，用于设置 HTTP 代理（如有）、请求超时时间和读取超时时间。可选择合适的重试策略。

3）使用凭据信息创建 DefaultCredential 对象，用于后续的身份验证。

（2）构建请求参数。创建 TeaDSL 对象，通过 set 方法依次设置短信签名、短信模板 ID、短信接收号码和短信模板参数。

（3）构造请求对象。

1）创建 SmsSendSmsRequest 对象，用于发送短信请求。

2）将构建好的 TeaDSL 对象赋值给请求对象的 body 属性。

3）设置 HTTP 请求头，指定接收和发送内容类型为 JSON。

（4）发送请求并处理响应。

1）创建 SyncHttpClient 对象，用于同步发送 HTTP 请求。

2）使用 SyncHttpClient 对象的 doAction()方法，传入请求对象、凭据对象和配置对象，发送短信请求并获取 SmsSendSmsResponse 响应。

3）在 try-catch 结构中捕获并处理可能抛出的异常。

4）在正常情况下，打印响应结果。

具体代码及解释如下：

```java
// 导入阿里云短信服务相关包
import com.aliyun.dysmsapi20170525.models.*;
import com.aliyun.teaopenapi.models.*;
import com.aliyun.teaopenapi.client.*;
import com.aliyun.teautil.models.*;

// 定义主类 AliyunSmsDemo
public class AliyunSmsDemo {

    // 主方法
    public static void main(String[] args) throws Exception {
        // 阿里云 accessKeyId（用户身份标识）
        String accessKeyId = "your_accessKeyId";
```

```java
// 阿里云 accessKeySecret（用户密钥）
String accessKeySecret = "your_accessKeySecret";
// 短信签名（短信显示的发送方名称）
String signName = "your_sms_sign_name";
// 短信模板 ID（预先在阿里云创建的短信模板编号）
String templateCode = "your_sms_template_code";
// 短信接收号码（以逗号分隔的多个手机号码）
String phoneNumbers = "your_phone_numbers";
// 短信模板参数（以 JSON 格式字符串传递动态内容，如验证码）
String templateParam = "{\"code\":\"123456\"}";

// 创建 ClientConfiguration 对象，用于设置 HTTP 代理、超时时间及重试策略等参数
ClientConfiguration clientConfig = new ClientConfiguration();
// 设置 HTTP 代理（如果需要，则可注释掉）
// clientConfig.setProxyHost("your_proxy_host");
// clientConfig.setProxyPort(8080);
// 设置请求超时时间为 3 秒
clientConfig.setRequestTimeout(3000);
// 设置读取超时时间为 3 秒
clientConfig.setReadTimeout(3000);
// 设置重试策略（此处使用默认策略，可根据需求更改）
// clientConfig.setRetryPolicy(new DefaultRetryPolicy());

// 使用 accessKeyId 和 accessKeySecret 创建 DefaultCredential 对象，用于身份验证
DefaultCredential credential = new DefaultCredential(accessKeyId, accessKeySecret);

// 创建 TeaDSL 对象，用于构造请求参数
TeaDSL dsl = new TeaDSL()
        .set("SignName", signName)              // 设置短信签名
        .set("TemplateCode", templateCode)      // 设置短信模板 ID
        .set("PhoneNumbers", phoneNumbers)      // 设置短信接收号码
        .set("TemplateParam", templateParam);   // 设置短信模板参数

// 创建 SmsSendSmsRequest 对象，用于发送短信请求
SmsSendSmsRequest request = new SmsSendSmsRequest();
// 设置请求体，即 TeaDSL 对象
request.setBody(dsl);
// 设置 HTTP 请求头，指定接收和发送内容类型为 JSON
request.setHeader("accept", "application/json");
request.setHeader("content-type", "application/json");

// 创建 SyncHttpClient 对象，用于同步发送 HTTP 请求
SyncHttpClient client = new SyncHttpClient();

try {
    // 使用 SyncHttpClient 对象发送请求，获取 SmsSendSmsResponse 响应
    SmsSendSmsResponse response = client.doAction(request, credential, clientConfig);

    // 打印响应结果
```

```
                System.out.println(response.getBody());
        } catch (Exception e) {
            // 捕获并处理异常
            e.printStackTrace();
        }
    }
}
```

5.4　车牌号码识别

车牌号码识别简称车牌识别，也称作车牌号识别或车辆牌照识别或车辆号牌识别，是计算机视频图像识别技术在车辆牌照识别中的一种应用，即从图像信息中提取车牌号码并识别出来。车辆号码识别是智能交通系统中一项很重要的技术，可广泛应用于各类有专属号码的交通工具，如汽车、火车、非机动车等。车牌号码识别的过程分为图像采集、车牌定位、字符分割、字符识别四大模块，用软件编程来实现每一个部分，最后识别出牌照，输出车牌号码等相关信息。下面的例子就是用 Java 模拟实现车牌号码识别功能。

🔄 文本提示

基于 OpenCV 编写一个 Java 程序，用于自动识别图像中的车牌信息。

💬 编程思路

（1）导入所需依赖库：首先导入 OpenCV 库中涉及图像处理、目标检测和显示功能的相关模块与类。

（2）主函数。

1）初始化：加载 OpenCV 本地库，设置要识别的图片文件路径。

2）读取图片：使用 Imgcodecs.imread()方法读取指定路径的图片至 Mat 对象，并检查读取是否成功。

3）预处理：将图片转换为灰度图像，并通过 equalizeHist()方法进行直方图均衡化。

4）车牌检测：创建 CascadeClassifier 对象，加载预训练的车牌检测模型；使用 detectMultiScale()方法在灰度图像上进行车牌检测，结果存储在 MatOfRect 对象中。

5）绘制检测结果：遍历检测到的车牌区域，使用 rectangle()方法在原彩色图像上绘制矩形框。

6）字符识别：如果检测到车牌，则对每个车牌区域进行裁剪，并调用 recognizePlateNumber()方法进行字符识别；输出识别结果。

7）结果展示：使用 HighGui.imshow()方法显示处理后的图像，使用 HighGui.waitKey()方法等待用户按键后关闭窗口。

（3）车牌字符识别方法。

1）声明：定义私有静态方法 recognizePlateNumber()，用于接收一个表示车牌区域的 Mat 对象作为参数，返回车牌号码字符串。

2）实现：此处仅为占位，返回一个虚构的车牌号码；实际应用时，应实现有效的字符识别算法，如基于深度学习的字符识别网络或传统的光学字符识别（Optical Character Recognition，OCR）技术。这部分需要根据具体识别需求和资源情况来设计和实现。

具体代码及解释如下：

```java
// 导入 OpenCV 核心模块，提供基础数据结构和功能
import org.opencv.core.Core;
// 导入 OpenCV 的 Mat 类，代表多维单通道数组，用于存储图像数据
import org.opencv.core.Mat;
// 导入 MatOfRect 类，用于封装一组 Rect 对象
import org.opencv.core.MatOfRect;
// 导入 Rect 类，表示矩形区域
import org.opencv.core.Rect;
// 导入 Scalar 类，表示颜色或向量值
import org.opencv.core.Scalar;
// 导入 Size 类，表示二维尺寸
import org.opencv.core.Size;
// 导入 HighGui 模块，提供图像显示和交互功能
import org.opencv.highgui.HighGui;
// 导入 Imgcodecs 模块，提供图像文件的读写功能
import org.opencv.imgcodecs.Imgcodecs;
// 导入 Imgproc 模块，提供图像处理功能
import org.opencv.imgproc.Imgproc;
// 导入 CascadeClassifier 类，用于进行目标检测（如车牌）
import org.opencv.objdetect.CascadeClassifier;

public class LicensePlateRecognition {
    public static void main(String[] args) {
        // 加载 OpenCV 本地库
        System.loadLibrary(Core.NATIVE_LIBRARY_NAME);

        // 指定要识别的图片文件路径
        String filename = "d:\\cars\\1.jpg";

        // 从指定路径读取图片到 Mat 对象
        Mat image = Imgcodecs.imread(filename);
        // 检查图片是否读取成功
        if (image.empty()) {
            System.out.println("无法读取图片");
            System.exit(-1);
        }

        // 创建 CascadeClassifier 对象，加载预训练的车牌识别级联分类器
        CascadeClassifier classifier = new CascadeClassifier("D:\\opencv\\opencv\\sources\\data\\haarcascades\\haarcascade_russian_plate_number.xml");

        // 将原图转换为灰度图像，并进行直方图均衡化以增强对比度，提高车牌识别的准确性
        Mat grayImage = new Mat();
        Imgproc.cvtColor(image, grayImage, Imgproc.COLOR_BGR2GRAY);
        Imgproc.equalizeHist(grayImage, grayImage);
```

```
    // 使用 CascadeClassifier 对象在灰度图像上进行车牌检测
    // 输出为包含所有检测到的车牌区域的 MatOfRect 对象
    MatOfRect plates = new MatOfRect();
    classifier.detectMultiScale(grayImage, plates, 1.1, 3, 0, new Size(30, 30), new Size(300, 300));

    // 遍历检测到的所有车牌区域，在原彩色图像上绘制红色矩形框标记
    Rect[] platesArray = plates.toArray();
    for (int i = 0; i < platesArray.length; i++) {
        Imgproc.rectangle(image, platesArray[i].tl(), platesArray[i].br(),
                new Scalar(0, 0, 255), 2);        // 红色矩形框，线宽为 2 像素
    }

    // 根据检测到的车牌数量进行处理
    if (platesArray.length > 0) {                  // 至少检测到一个车牌
        // 对每个检测到的车牌进行字符识别
        for (int i = 0; i < platesArray.length; i++) {
            // 提取当前车牌区域的子图像
            Mat plateImage = grayImage.submat(platesArray[i]);
            // 调用 recognizePlateNumber() 对车牌进行字符识别
            String plateNumber = recognizePlateNumber(plateImage);
            // 输出识别结果
            System.out.println("识别结果： " + plateNumber);
        }
    } else {                                        // 未检测到任何车牌
        System.out.println("未检测到车牌");
    }

    // 在弹出的窗口中显示处理后的图像，等待用户按键后关闭窗口
    HighGui.imshow("License Plate Recognition", image);
    HighGui.waitKey(0);
}

/**
 * 对车牌图像进行字符识别（此处仅为示例，实际实现需替换为有效的字符识别算法）
 *
 * @param plateImage  车牌图像（已裁剪为矩形区域的灰度图像）
 * @return 车牌号码字符串
 */
private static String recognizePlateNumber(Mat plateImage) {
    // TODO：在此处实现车牌字符识别逻辑，例如使用深度学习模型或传统的 OCR 技术
    // 下面的代码仅为占位，返回虚构的车牌号码
    return "粤 A12345";
}
}
```

这段代码实现了车牌识别的基本框架，包括图像预处理、车牌检测、车牌框选显示及初步的字符识别占位。实际应用时，需要完善 recognizePlateNumber()方法，以实现准确的车牌字符识别功能。

5.5 爬取某电影平台 Top250 的数据

数据爬取指的是利用网络爬虫技术，自动从互联网上抓取数据的过程。

网络爬虫是一种自动化程序，它遵循特定的规则，通过向网站发送请求并解析返回的网页源代码，以抓取网页、图片、视频等信息。在数据爬取的过程中还会涉及数据清洗、存储和分析，以提高数据的质量和准确性，便于后续的分析和使用。这种技术广泛应用于多个领域，如电商、金融和媒体行业，以便于企业或个人获取商业价值或做出更明智的决策。

需要注意的是，在进行数据爬取时，必须遵守相关的法律法规，确保不侵犯他人的合法权益和个人信息。

下面的例子是使用 Java 爬取某电影平台 Top250 的数据。

文本提示

用 Java 实现一个程序，爬取某电影平台 Top250 页面的部分数据（电影名、评论数、评分），并将其整理成 Excel 表格。

编程思路

（1）准备工作。

1）导入 Apache POI 和 Jsoup 库，以便操作 Excel 文件和解析 HTML。

2）定义常量 DOUBAN_MOVIE_URL，用于存储某电影平台 Top250 列表的基础 URL，方便后续拼接不同页码。

（2）主方法。

1）创建一个 XSSFWorkbook 对象，作为 Excel 文件的容器。

2）在工作簿中创建一张名称为"电影 Top250"的工作表。

3）在工作表首行添加表头，包含"电影名""评论数""评分"共 3 列标题。

（3）循环爬取数据。

1）以页码为索引，循环遍历前 10 页的数据。

2）根据当前页码和常量模板拼接出 URL。

3）使用 Jsoup 连接指定的 URL，获取 HTML 文档对象。

4）通过 CSS 选择器选取文档中所有电影条目的元素。

5）对每个电影条目元素：提取电影名、评论数、评分。在工作表中创建新行，将提取到的数据填入对应单元格。

6）如果出现网络请求或解析异常，则打印错误信息和当前 URL。

（4）保存文件。

1）创建指向保存路径的 FileOutputStream 对象。

2）将填充了数据的工作簿写入输出流，即保存到指定 Excel 文件。

3）关闭文件输出流和工作簿对象，释放资源。

4）输出成功保存数据的消息。若在保存过程中发生异常，则捕获并打印失败消息。

具体代码及解释如下：

```
// 导入 Apache POI 库中用于操作 Excel 文件的接口和类
import org.apache.poi.ss.usermodel.*;
```

```java
// 导入 Apache POI 库中专门处理 XLSX 格式工作簿的子模块
import org.apache.poi.xssf.usermodel.XSSFWorkbook;
// 导入 Jsoup 库，用于 HTML 解析与文档遍历
import org.jsoup.Jsoup;
// 导入 Jsoup 库中与 HTML 文档结构相关的类
import org.jsoup.nodes.Document;
// 导入 Jsoup 库中表示文档中单一元素的类
import org.jsoup.nodes.Element;
// 导入 Jsoup 库中表示元素集合的类
import org.jsoup.select.Elements;

// 导入 Java 标准库中与文件操作相关的类
import java.io.File;
// 导入 Java 标准库中用于文件输出流的类
import java.io.FileOutputStream;
// 导入 Java 标准库中处理 IO 异常的类
import java.io.IOException;

// 定义一个名称为 DoubanMovieCrawler 的公共类
public class DoubanMovieCrawler {

    // 定义常量 DOUBAN_MOVIE_URL，用于存储某电影平台 Top250 列表的 URL 模板
    private static final String DOUBAN_MOVIE_URL = "https://movie.douban.com/top250?start=";

    // 定义主方法 main()，程序入口
    public static void main(String[] args) {

        // 创建一个 XSSFWorkbook 对象，代表即将写入数据的工作簿（Excel 文件）
        Workbook workbook = new XSSFWorkbook();

        // 在工作簿中创建一张名称为"电影 Top250"的新表单（Sheet）
        Sheet sheet = workbook.createSheet("电影 Top250");

        // 初始化行索引，用于记录当前写入数据的行号
        int rowIndex = 0;

        // 创建表头行（第 0 行），设置各列标题
        Row headerRow = sheet.createRow(rowIndex++);
        headerRow.createCell(0).setCellValue("电影名");
        headerRow.createCell(1).setCellValue("评论数");
        headerRow.createCell(2).setCellValue("评分");

        // 遍历前 10 页（每页 25 部电影）的数据
        for (int i = 0; i < 10; i++) {
            // 构造当前页的 URL
            String url = DOUBAN_MOVIE_URL + (i * 25);

            try {
```

```java
            // 使用 Jsoup 连接指定的 URL，获取 HTML 文档对象
            Document doc = Jsoup.connect(url).get();

            // 选取文档中所有电影条目的元素
            Elements movies = doc.select("div.item");

            // 遍历每个电影条目元素
            for (Element movie : movies) {
                // 提取电影名
                String title = movie.select("div.info > div.hd > a > span.title").first().text();
                // 提取评分数值
                String ratingNum = movie.select("div.info > div.bd > div > span.rating_num").text();
                // 提取评论数（去除非数字字符）
                String commentNum = movie.select("div.info > div.bd > div >
                    span:nth-child(4)").text().replaceAll("[^\\d]", "");

                // 创建新数据行，并在对应单元格中填入电影名、评论数、评分数据
                Row dataRow = sheet.createRow(rowIndex++);
                dataRow.createCell(0).setCellValue(title);
                dataRow.createCell(1).setCellValue(commentNum);
                dataRow.createCell(2).setCellValue(ratingNum);
            }

        } catch (IOException e) {
            // 处理网络请求或文档解析过程中的异常
            e.printStackTrace();
            System.out.println("抓取数据失败，URL：" + url);
        }
    }

    try {
        // 创建指向保存路径的 FileOutputStream 对象
        FileOutputStream fileOut = new FileOutputStream(new File("d:\\movie.xls"));

        // 将工作簿内容写入输出流，即保存到指定 Excel 文件
        workbook.write(fileOut);

        // 关闭文件输出流
        fileOut.close();

        // 关闭工作簿对象，释放资源
        workbook.close();

        // 输出成功保存数据的消息
        System.out.println("数据已保存到 d:\\movie.xls 文件");

    } catch (IOException e) {
        // 处理保存 Excel 文件过程中的异常
```

```
                e.printStackTrace();
                System.out.println("保存数据到 Excel 文件失败");
            }
        }
    }
```

5.6　二维码功能

二维码又称二维条码，常见的二维码为 QR Code，QR 的全称为 Quick Response，是一种编码方式。它比传统的条形码（Bar Code）能存储更多的信息，也能表示更多的数据类型。二维码是用某种特定的几何图形按一定规律在平面（二维方向上）分布的黑白相间的、记录数据符号信息的图形；在代码编制上巧妙利用构成计算机内部逻辑基础的"0""1"比特流的概念，使用若干个与二进制相对应的几何形体来表示文字数值信息，通过图像输入设备或光电扫描设备自动识读以实现信息自动处理。它具有条码技术的一些共性：每种码制有其特定的字符集；每个字符占有一定的宽度；具有一定的校验功能等。它同时具有对不同行的信息进行自动识别及处理图形旋转变化点功能。下面的案例就是用 Java 实现一个二维码。

🐷 **文本提示**

编写一个 Java 程序，使用 Swetake 库生成一个二维码。

💬 **编程思路**

（1）导入所需库。

1）导入 java.awt.image.BufferedImage 类，用于创建和操作图像缓冲区对象，存储生成的二维码图像。

2）导入 java.io.File 和 javax.imageio.ImageIO，以便文件操作和将图像写入指定路径。

3）导入第三方库 com.swetake.util.Qrcode，该库提供了生成二维码的功能。

（2）定义主类：创建一个名称为 QRCodeGenerator 的公共类，并在其中编写 main()方法作为程序入口。

（3）初始化 Qrcode 对象：在 main()方法内，创建 Qrcode 对象，用于后续生成二维码。

（4）设置二维码属性。

1）使用 setQrcodeErrorCorrect()方法设置纠错级别为中等（字符 M）。

2）使用 setQrcodeEncodeMode()方法设置编码模式为字节模式（字符 B）。

3）使用 setQrcodeVersion()方法设定二维码版本为 20。

（5）定义二维码内容。

1）定义一个字符串变量 data，赋值为给定的微信支付链接。

2）将 data 字符串使用 UTF-8 编码转换为字节数组。

（6）生成二维码像素矩阵：调用 calQrcode()方法，传入字节数组，得到一个布尔型二维数组（矩阵），表示二维码的黑、白像素分布。

（7）构建 BufferedImage 对象：根据矩阵尺寸创建一个 BufferedImage 对象，类型为 TYPE_INT_RGB，用于存放渲染后的二维码图像。

（8）填充 BufferedImage：遍历矩阵，将每个元素（布尔型值）映射为对应的像素颜色，真（黑点）对应黑色（RGB 值为 0x000000），假（白点）对应白色（RGB 值为 0xFFFFFF）；

通过 setRGB()方法设置 BufferedImage 对象上相应位置的像素颜色。

（9）保存二维码图片：使用 ImageIO.write()方法将填充好的 BufferedImage 对象以 JPEG 格式写入指定路径（d:\qrcode.jpg）。

（10）异常处理：将上述操作包裹在 try-catch 结构中，捕获并打印任何可能出现的异常，确保程序运行时的健壮性。

具体代码及解释如下：

```java
// 导入处理图像缓冲区的类，用于存储生成的二维码图像
import java.awt.image.BufferedImage;

// 导入与文件操作相关的类，用于保存二维码图片到磁盘
import java.io.File;

// 导入图像 IO 工具包，用于将 BufferedImage 对象写入文件
import javax.imageio.ImageIO;

// 导入第三方库 Swetake 中的 Qrcode 类，用于生成二维码
import com.swetake.util.Qrcode;

// 定义主类 QRCodeGenerator
public class QRCodeGenerator {

    // 主方法，程序入口
    public static void main(String[] args) {
        try {
            // 创建 Qrcode 对象，用于生成二维码
            Qrcode qrcode = new Qrcode();

            // 设置纠错级别为中等（M）
            qrcode.setQrcodeErrorCorrect('M');

            // 设置编码模式为字节模式（B）
            qrcode.setQrcodeEncodeMode('B');

            // 设置二维码版本为 20（大小及复杂度）
            qrcode.setQrcodeVersion(20);

            // 设置二维码包含的文本信息（微信支付链接）
            String data = "weixin://wxpay/bizpayurl?pr=hd9oh×××";
            byte[] d = data.getBytes("UTF-8");        // 将字符串编码为 UTF-8 字节数组

            // 生成二维码像素矩阵（黑、白二值化表示）
            boolean[][] matrix = qrcode.calQrcode(d);

            // 创建与二维码尺寸匹配的 BufferedImage 对象，类型为 RGB
            BufferedImage bi = new BufferedImage(matrix.length, matrix.length,
                BufferedImage.TYPE_INT_RGB);
```

```
                // 遍历像素矩阵，将黑点（true）设为黑色，白点（false）设为白色
                for (int y = 0; y < matrix.length; y++) {
                    for (int x = 0; x < matrix.length; x++) {
                        bi.setRGB(x, y, matrix[x][y] ? 0x000000 : 0xFFFFFF);   // 设置对应位置的像素颜色
                    }
                }

                // 将生成的二维码 BufferedImage 对象保存为 D 盘根目录下的 "qrcode.jpg" 文件
                ImageIO.write(bi, "jpg", new File("d:\\qrcode.jpg"));

            } catch (Exception e) {
                // 捕获并打印异常堆栈跟踪信息
                e.printStackTrace();
            }
        }
    }
}
```

5.7　CV 抓取摄像头数据功能

计算机视觉（Computer Vision, CV）中的摄像头数据抓取功能，指的是通过特定的软件工具或编程接口访问并控制摄像头硬件设备，以实时或按需获取其拍摄的视频流或静态图像。具体来说，这一功能涉及以下几个关键环节。

（1）摄像头连接：初始化摄像头驱动或相关库，确保能够与系统上的物理摄像头设备建立通信连接。通常，这一环节会通过指定摄像头的设备标识符（如设备索引号）来选择要使用的摄像头。

（2）数据捕获：创建一个数据捕获对象（如 OpenCV 中的 VideoCapture 类），该对象负责与摄像头交互，执行实际的数据抓取任务。通过调用其方法（如 read()），可以从摄像头读取一帧或多帧视频数据。

（3）帧解析：对于抓取到的视频数据通常以帧为单位组织，每一帧代表某一时刻摄像头捕捉到的完整图像。这些帧通常被封装为特定的数据结构（如 OpenCV 中的 Mat 对象），便于进一步处理。帧数据通常包含像素值、分辨率、色彩空间等信息。

（4）实时显示：获取到的帧可以实时显示在屏幕上，供用户监控或分析。使用计算机视觉库提供的图形界面函数（如 OpenCV 中的 imshow()），可以将当前帧渲染到指定的窗口中，形成连续的视频流效果。

（5）帧处理：在显示的同时或之后，可以对帧进行各种图像处理操作，如灰度转换、滤波、特征提取、目标检测、识别等，以满足特定的计算机视觉应用需求。

（6）数据存储：根据需要，可以将抓取的帧保存为图像文件（如 JPEG、PNG 等格式），或者录制为视频文件（如 MP4、AVI 等格式）。这通常通过调用相应的文件写入函数（如 OpenCV 中的 imwrite()）完成。

（7）控制与配置：可能需要调整摄像头的参数，如帧率、分辨率、曝光、白平衡等，以适应不同的光照条件或应用要求。这些设置通常通过捕获对象提供的接口进行修改。

综上所述，CV 抓取摄像头数据功能涵盖了摄像头连接、数据捕获、帧解析、实时显示、

帧处理、数据存储及控制与配置等多个方面，旨在提供一种从硬件层面获取并处理实时视觉信息的有效手段，是实现各类基于摄像头的计算机视觉应用（如视频监控、人脸识别、运动分析、机器人导航等）的基础能力。

下面的案例就是利用 Java 实现 CV 抓取摄像头数据功能。

文本提示

编写一个 Java 程序，使用 OpenCV 库连接并操作摄像头，实时显示摄像头画面，并每隔一定时间（例如每秒）保存一帧图像到指定目录。

编程思路

（1）导入所需依赖库：在代码顶部导入所需的 OpenCV 模块和类，包括 Core、Mat、HighGui、VideoCapture、Imgcodecs 等。

（2）定义主类与主方法：创建一个名称为 CameraCapture 的公共类，其中包含 main()方法作为程序入口。

（3）加载 OpenCV 库：在 main()方法中调用 System.loadLibrary(Core.NATIVE_LIBRARY_NAME)加载本地 OpenCV 库。

（4）初始化摄像头：创建 VideoCapture 对象，尝试打开系统默认的摄像头（设备索引为0）。

（5）检查摄像头状态：使用 isOpened()方法检查摄像头是否成功打开，如果未成功打开，则打印错误信息并退出程序。

（6）准备图像存储与计数器。

1）创建 Mat 对象，用于存储从摄像头读取的每一帧图像。

2）初始化一个整型变量 count 作为计数器，用于给保存的图片文件命名。

（7）实时处理与保存图像：使用无限循环持续读取摄像头图像。

1）调用 camera.read(frame)读取一帧图像到 Mat 对象。

2）储用 HighGui.imshow("Camera", frame)在名称为"Camera"的窗口中显示当前帧。

3）调用 HighGui.waitKey(1)等待用户按键（若无按键则等待 1 毫秒）。

4）判断计数器是否达到指定间隔（如每秒），若是则保存当前帧，构建保存路径（例如："d:\cars\" + count + ".jpg"）。使用 Imgcodecs.imwrite(filename, frame)将当前帧写入 JPEG 文件。

5）计数器递增，准备处理下一帧。

具体代码及解释如下：

```java
// 导入 OpenCV 的核心模块，包含基础数据结构与功能函数
import org.opencv.core.Core;
// 导入 OpenCV 的 Mat 类，用于存储和操作图像数据
import org.opencv.core.Mat;
// 导入 OpenCV 的 HighGui 模块，提供图像显示与用户交互功能
import org.opencv.highgui.HighGui;
// 导入 OpenCV 的 VideoCapture 类，用于访问摄像头设备
import org.opencv.videoio.VideoCapture;
// 导入 OpenCV 的 Imgcodecs 模块，提供图像文件的读写功能
import org.opencv.imgcodecs.Imgcodecs;

public class CameraCapture {
    public static void main(String[] args) {
```

```
// 加载本地 OpenCV 的动态链接库（DLL），确保程序可以调用 OpenCV 功能
System.loadLibrary(Core.NATIVE_LIBRARY_NAME);

// 创建一个 VideoCapture 对象，打开系统默认的摄像头（设备索引为 0）
VideoCapture camera = new VideoCapture(0);

// 检查摄像头是否成功打开且准备就绪
if (!camera.isOpened()) {
    // 如果摄像头不可用，则打印错误信息并退出程序
    System.out.println("无法连接到摄像头");
    System.exit(-1);
}

// 创建一个 Mat 对象，用于存储从摄像头读取的每一帧图像数据
Mat frame = new Mat();

// 初始化计数器，用于在给保存的图片文件命名时添加递增编号
int count = 0;

// 开始无限循环，持续从摄像头读取并处理图像
while (true) {
    // 从摄像头读取一帧图像，返回读取是否成功
    if (camera.read(frame)) {
        // 在屏幕上打开一个名称为 "Camera" 的窗口，显示当前帧
        HighGui.imshow("Camera", frame);

        // 等待用户按键（若无按键则默认等待 1 毫秒），防止窗口立即关闭
        HighGui.waitKey(1);

        // 每隔 25 帧（约每秒）保存一次当前帧到指定目录（d:\cars\）
        if (count % 25 == 0) {
            // 构建保存的文件路径及名称
            String filename = "d:\\cars\\" + count + ".jpg";

            // 使用 Imgcodecs 模块将当前帧写入指定的 JPEG 文件
            Imgcodecs.imwrite(filename, frame);
        }

        // 计数器递增，准备下一帧的处理与保存
        count++;
    }
}
}
}
```

参 考 文 献

[1] ECKEL B. Java 编程思想[M]. 陈昊鹏，译. 4 版. 北京：机械工业出版社，2007.

[2] HORSTMANN. Java 核心技术：卷 I[M]. 林琪，苏钰涵，译. 11 版. 北京：机械工业出版社，2021.

[3] 周志明. 深入理解 Java 虚拟机：JVM 高级特性与最佳实践[M]. 北京：机械工业出版社，2011.

[4] SEDGEWICKR，WAYNEK. 算法[M]. 谢路云，译. 4 版. 北京：人民邮电出版社，2012.

[5] BENTLEYJ. 编程珠玑[M]. 黄倩，译. 2 版. 北京：人民邮电出版社，2019.